序言

在資訊領域教學多年，常感資訊環境的提供與教學需求有一段落差：當電腦教室都是 Windows 系統，該如何提供學生 Linux 的實作環境；網站的教學，該如何有眾多的 public IP，以使同學們都能建置及經營他們的網站；高等資訊網路令人興奮，但 Firewall, Router 何處可以有實作的環境；Oracle 資料庫很貼近產業需求，但教學現場建置所費不貲；影音網站仰賴 CDN 架構，但用不起 Akamai；………也許這些教學環境的建置，都有對應的折衷方式，但是所費不貲，建構及維護也耗時耗人力。

2015 年起，開始摸索在 AWS 嘗試將上述的環境導引到教學現場，但那時候是自我摸索、自我學習，很不得要領。2017 年 5 月，AWS Academy 將證照的教學推展到大學校園，甄選大學教師的參與。很幸運獲得甄選，之後接受訓練，而後考照，成為 AWS Academy Educator 並在校園教授 AWS Academy Cloud Architecting(ACA) 課程，並鼓勵學生考 AWS Certified Solution Architect-Associate 證照，但結果卻是奇慘無比，這教材太難了。2018 年 AWS Academy 推出 AWS Academy Cloud Foundation(ACF) 課程以對應最基礎的 AWS Certified Cloud Practitioner 證照，雖然難度降低，但終無法有滿意的結果。

學校位於台北市中心區域，許多學分班有產業人士來修習。由於資訊產業龐大，眾多從業人士皆非科班出身，或由於對雲計算的好奇或是工作所需，也孜孜不倦的來校學習，但總感因缺乏基礎資訊技術，致而學習進度未能如預期。

由於 AWS Academy 各項課程皆為 capstone 課程，無論在校學生或是產業非科班人士，實難透過它來學習雲計算；雖然 AWS Educate 提供相當多的學習資源，但多屬網路資源的彙整，其課程組織架構亦難適用於循序漸進的學習模式。

所以本書的目的在成為 AWS ACF 及 AWS Educate 的前置課程教材。對應大學資管系或資工系三年級下學期兩學分課程，透過本書的實作及相關知識的學習，可以很快掌握 AWS 雲計算平台的全貌及精隨，有此基礎後，進展到 AWS ACF 及 AWS Educate 將會相對容易。對於非資訊科系畢業但在資訊產業服務的初階業界人士，亦可在一定時間內掌握 AWS 全貌，並能快速掌握 AWS ACF，循序再進展到 AWS Academy 的其他證照課程。

本書以 AWS ACF 及 AWS Educate 為基礎，規劃 11 個主題實作，透過實作過程，一方面掌握 AWS 初階全貌，另一方面觀察 AWS 內涵知識。每章皆概分兩章節，第一章節是特定主題實作，第二章節則是相關此主題實作的知識學習。以實作熟稔技術，以知識涵養學理，必能建構雲計算紮實基礎；再透過 AWS 各證照的學習路徑，必能豐實您在雲計算的職涯發展。

另外，由於雲計算資源是按使用付費 (pay as you go)，所以針對這些主題實作的資源釋放，在本書附錄提供了詳盡步驟；讀者亦可透過第十三章的 Billing 及 Cost Management，時時關心資源使用的費用狀況，以免掛一漏萬的疏漏。

本書的章節順序及實作安排，皆在校園裡教授過且成效不錯；學員們有了這些基礎的操作及知識，就能深入 AWS ACF 較困難的部分。希望這樣的教材安排對您也是有助益的。

實踐大學　李孟晃

目 錄

第十章　AWS 的 serverless 架構範例 - 使用 Lambda

第十一章　AWS 的 Content Delivery Network 範例 - 使用 CloudFront

第十二章　AWS 的 AI 人臉辨識範例 - 使用 Rekognition

第十三章　AWS 的成本分析及帳單管理

附錄　各章節實作之雲端資源釋放

第一章

AWS 概論

§1-1　世界上主要的雲計算平台比較及簡介

市場上充斥著各大雲端供應商，有 AWS、Google GCP、Microsoft Azure、Oracle、阿里巴巴及 IBM Cloud。在本章節將針對 AWS、Google GCP、Microsoft Azure 進一步探討。

Amazon Web Services 簡稱 AWS，是 Amazon 亞馬遜公司在 2006 年推出的服務，包含雲端運算、資料儲存、資料庫、資料分析、網路、開發人員工具 IoT、安全和企業應用程式。而這些服務能夠協助組織更快速地運作、降低 IT 建置及擴展成本，到目前為此提供超過 200 種服務。截至 2021 年，AWS 目前有 26 個 Region、84 個 Availability Zones 及 300 個 Edge locations，如圖 1-1。

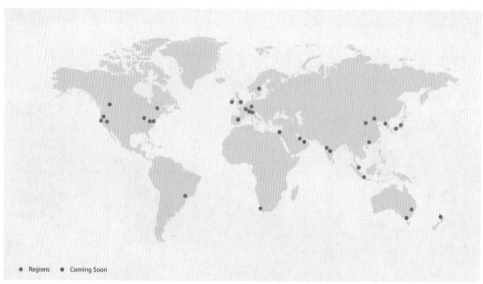

▲ 圖1-1　AWS在全球的regions分布圖 [註1]

註1　資料參考 AWS 官方文件，https://aws.amazon.com/tw/about-aws/global-infrastructure/

Google Cloud Platform 簡稱 GCP，是 Google 在 2011 年所發布提供的雲端服務平台，其中包含了運算、資料儲存、資料分析、容器、機器學習，以及 API 管理等 60 多項產品。GCP 服務擁有 29 個 Region、88 個 Available Zones 及 146 個 Network Edge Locations，如圖 1-2。而台灣就是其中的一個 Region。

▲ 圖1-2 GCP在全球的regions分布圖 [註2]

Microsoft Azure 是微軟在 2010 年所推出的雲端服務，目前提供 100 多種服務，並且擁有超過 60 個 Regions。

AWS 已連續第十年在 Gartner Magic Quadrant 基礎設施與平台服務中領先其他品牌，2021 年的比較如圖 1-3。

註2　資料參考 GCP 官方文件，https://cloud.google.com/about/locations

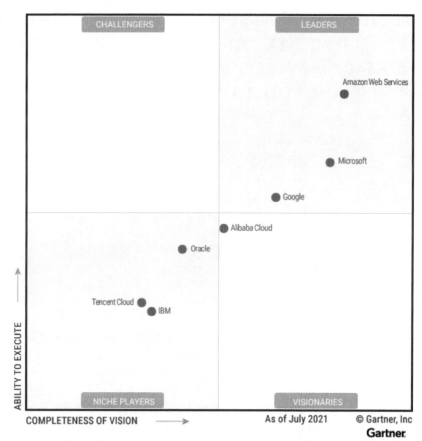

▲ 圖1-3 Magic Quadrant for Cloud Infrastructure and Platform Services [註3]

根據 Global Knowledge Network (Canada) Inc. 在 2021 年最有價值的 IT 證照排名前 15 名，AWS 的 Solutions Architect-Associate 證照位列第 3，如圖 1-4。

註3　資料參考 Gartner, Inc 官方文件，https://www.gartner.com/doc/reprints?id=1-271OE4VR&ct =210802&st=sb.

Most Valuable IT Certifications,2021

(Source:Global Knowledge ,15 Top-Paying IT Certifications for 2021)

Certifications	Salary
1 Google Certified Professional Data Engineer	$171,749
2 Google Certified Professional Cloud Architect	$169,029
3 AWS Certified Solutions Architect - Associate	$159,033
4 CRISC - Certified in Risk and Information Systems Control	$151,995
5 CISSP - Certified Information Systems Security Professional	$151,853
6 CISM – Certified Information Security Manager	$149,246
7 PMP® - Project Management Professional	$148,906
8 NCP-MCI - Nutanix Certified Professional - Multicloud Infrastructure	$142,810
9 CISA - Certified Information Systems Auditor	$134,460
10 VCP-DVC - VMware Certified Professional - Data Center Virtualization 2020	$132,947
11 MCSE: Windows Server	$125,980
12 Microsoft Certified: Azure Administrator Associate	$121,420
13 CCNP Enterprise - Cisco Certified Network Professional - Enterprise	$118,911
14 CCA-V - Citrix Certified Associate - Virtualization	$115,308
15 CompTIA Security+	$110,974

▲ 圖1-4 Global Knowledge Network (Canada) Inc. 2021年最有價值的IT Certifications [4]

統計臺灣 104 人力銀行網站 2019 年 9 月至 2022 年 1 月期間，有關 AWS 職缺高達 2533 筆。而另外包含 AWS、GCP 及 Azure 的職缺也高達 3178 筆，充分表示企業對於雲端人才的渴求快速成長。

§1-2 AWS 在全世界的 Regions 及 edges 分佈

AWS global infrastructure 係 由 Region, Availability(AZ), data center, edge 所構成。AWS global infrastructure 由分布在全世界的不同地理上區域的 Regions 所構成，不同 Region 間的資料複製係由應用服務決定，Regions 間的通訊仰賴 AWS 主幹網路基礎設施。每個 Region 至少包含兩個甚至更多的 AZ，以 multi-AZ 方式提供完全備援的 redundancy。每個 AZ 是由多個的 data centers 所構成；AZ 與 AZ 之間相隔在約 100 公里並以高速的私有網路

註4　資料參考 https://www.globalknowledge.com/us-en/resources/resource-library/articles/top-paying -certifications/#gref

連結。Data centers 是 AWS 最基礎的設施，也是數據實際儲存的所在地，其安全設計都經過仔細評估，以降低環境風險；1 個 data center 通常有 5 萬至 8 萬部 servers。 AWS Edge location 係指在靠近使用者的位置，提供資料處理、分析和儲存；AWS Origin server 的資料據此佈署到全世界各個 Edge location；Content Delivery Network 技術則依據使用者及資料產生位置附近的 Edge location 以進行資料的處理及存放，實現超低延遲、智慧和即時回應。[註5]

截至 2022 年 1 月止，AWS 已遍及全球有 26 個 Regions，84 個 AZ，300 個 Edge locations，分別座落於北美洲、南美洲、歐洲、非洲、中國、亞太及中東等地理區域；並已宣告未來計劃在澳洲、加拿大、印度、以色列、紐西蘭、西班牙、瑞士和阿拉伯聯合大公國 (UAE) 增加 24 個 AZ 和 8 個 AWS Regions。[註6]

AWS 在全世界的 regions 及 edges 分佈圖，如圖 1-5（a）-（d）。

▲ 圖1-5（a） AWS 北美洲region與edge地圖 [註7]

註5　資料參考 AWS 官方文件，https://aws.amazon.com/tw/edge/
註6　資料參考 AWS 官方文件，https://aws.amazon.com/tw/about-aws/global-infrastructure/
註7　資料參考 AWS 官方文件，https://aws.amazon.com/tw/about-aws/global-infrastructure/regions_az/

South America (São Paulo) Region
Availability Zones: 3*
Launched 2011

**New customers can access three
Availability Zones in South America
(São Paulo)*

Regions

Edge locations

▲ 圖1-5（b） AWS 南美洲region與edge地圖[註7]

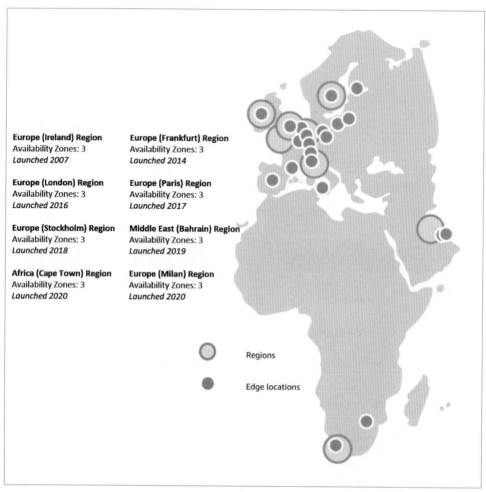

Europe (Ireland) Region
Availability Zones: 3
Launched 2007

Europe (Frankfurt) Region
Availability Zones: 3
Launched 2014

Europe (London) Region
Availability Zones: 3
Launched 2016

Europe (Paris) Region
Availability Zones: 3
Launched 2017

Europe (Stockholm) Region
Availability Zones: 3
Launched 2018

Middle East (Bahrain) Region
Availability Zones: 3
Launched 2019

Africa (Cape Town) Region
Availability Zones: 3
Launched 2020

Europe (Milan) Region
Availability Zones: 3
Launched 2020

Regions

Edge locations

▲ 圖1-5（c）AWS 歐洲／中東／非洲region與edge地圖[註7]

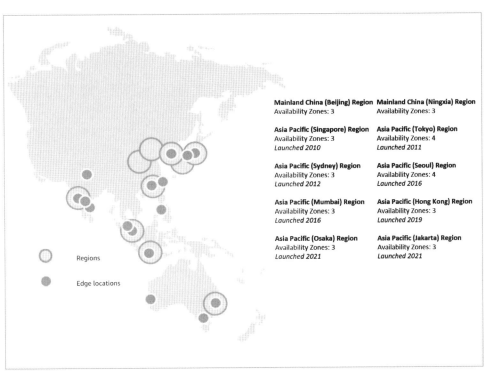

Mainland China (Beijing) Region
Availability Zones: 3

Mainland China (Ningxia) Region
Availability Zones: 3

Asia Pacific (Singapore) Region
Availability Zones: 3
Launched 2010

Asia Pacific (Tokyo) Region
Availability Zones: 4
Launched 2011

Asia Pacific (Sydney) Region
Availability Zones: 3
Launched 2012

Asia Pacific (Seoul) Region
Availability Zones: 4
Launched 2016

Asia Pacific (Mumbai) Region
Availability Zones: 3
Launched 2016

Asia Pacific (Hong Kong) Region
Availability Zones: 3
Launched 2019

Asia Pacific (Osaka) Region
Availability Zones: 3
Launched 2021

Asia Pacific (Jakarta) Region
Availability Zones: 3
Launched 2021

Regions

Edge locations

▲ 圖1-5（d）AWS 亞太區域region與edge地圖[註7]

§1-3 AWS services 及存取方式

● AWS service category

AWS 以 service 的方式提供雲端 IaaS(Infrastructure as a Service), Paas (Platform as a Service), SaaS(Software as a Service)。其 services 計有 25 個類別，每個類別項下則有為數眾多的 services，其分類如下表 1-1，可以涵蓋 IT 應用服務發展的所有需求，因此，AWS 提供了一個雲端 IT 的 ecosystem，在此 ecosystem 裡，有各式各樣的 services 可以相互整合，來完成任何 IT 應用服務的開發。

▼ 表1-1　AWS的25個service categories

Analytics	Application Integration	AR & VR	AWS Cost Management
Block chain	Business Applications	Compute	Containers
Customer Enablement	Database	Developer Tools	End User Computing
Front-end Web & Mobile	Game Development	Internet of Things	Machine Learning
Management & Governance	Media Services	Migration & Transfer	Networking & Content Delivery
Quantum Technologies	Robotics	Satellite	Security, Identity, & Compliance
Storage			

● **我們可以透過下列三種方式來存取 AWS 服務：**

1. AWS Management Console 能夠很容易透過圖形介面來操作 AWS 服務。本書的實作均為初學者的基礎內容，所以皆會採 AWS Management Console 來操作，如圖 1-6（a）。

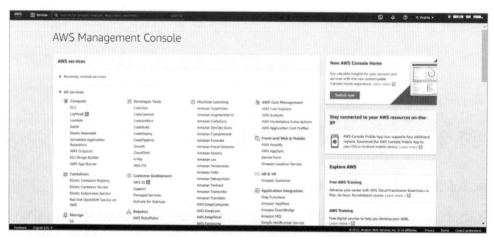

▲ 圖1-6（a）

2. AWS Command Line Interface 簡稱 AWS CLI，是系統管理者利用命令列界面或是 Script 來存取 AWS 服務。使用 AWS CLI 必須安裝軟體工具並取得相當的 AWS 服務權限才能使用。由於本書係針對初階 AWS 讀者，所以各實作範例不採 AWS CLI 的存取方式。以下範例利用 AWS Command 來讀取 AWS EC2 服務中的 Key pairs，如圖 1-6（b）。註 8

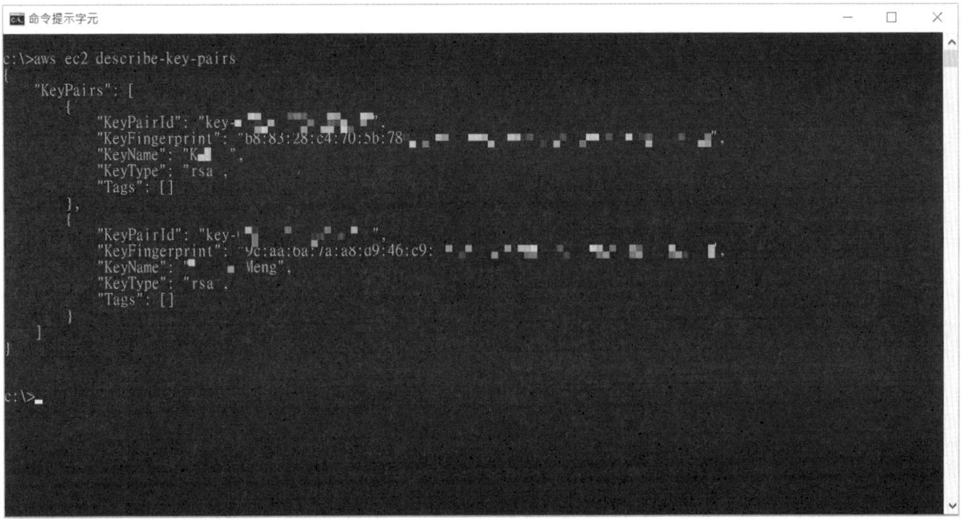

▲ 圖1-6（b）

註 8　資料參考 AWS 官方文件，https://docs.aws.amazon.com/cli/latest/userguide/getting-started-install.html

3. AWS Software Development Kits 簡稱 AWS SDK，通常是系統開發人員可以透過寫程式來直接存取 AWS 服務，例如 Java、Python、PHP、.Net、C++ 及 Ruby 等多種程式語言。由於本書係針對初階 AWS 讀者，所以各實作範例不採 AWS SDK 的存取方式。以下範例利用 Python SDK 來讀取 AWS EC2 服務中的 Key pairs，如圖 1-6（c）。[9]

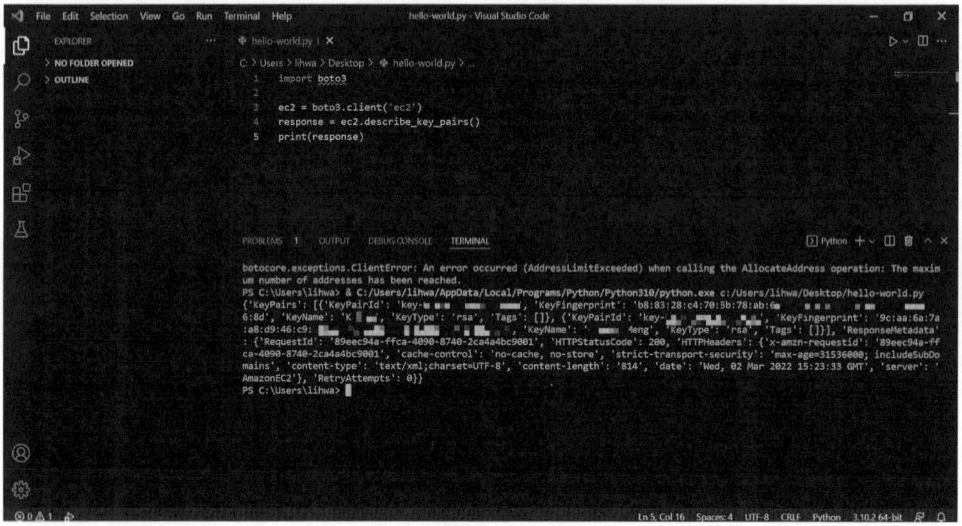

▲ 圖1-6（c）

§1-4 雲端資源使用的重要提醒

依多年的 AWS 教學經驗，學員啟動 AWS 資源後，往往忘記釋放這些資源。雲計算的按使用付費 (pay as you go) 固然有其優勢，但若資源不用卻不懂得釋放，真的花了冤枉錢。

因此讀者在完成本書各主題實作後，務必參考附錄以將使用的資源釋出；另外，亦請參考第十三章的 Billing 及 Cost Management，時時關心自己帳戶的資源使用的費用問題，以免掛一漏萬而有疏漏。

註9 資料參考 AWS 官方文件，https://aws.amazon.com/tools/?nc1=h_ls

第二章

AWS 的證照及學習資源

§2.1 AWS 證照

AWS 證照有兩大軸向，一是有關 Architect, Operations 及 Developer；另一則是有關 Specialty 的諸多專業證照，請參考圖 2-1。

Architect, Operations, Developer 俱以 AWS Certified Cloud Practitioner 最為其 Foundational 等級 (同等有六個月 AWS 的雲端產業經驗及知識)；之後在 Associate 等級 (同等有一年的 AWS 架構設計、維運及服務開發的產業經驗) 有 AWS Certified Solutions Architect Associate, AWS Certified SysOps Administrator Associate 和 AWS Certified Developer Associate；在 Professional 等級 (同等有兩年的 AWS 架構設計、維運及服務開發的產業經驗) 則有 AWS Certified Solutions Architect Professional 及 AWS Certified DevOps Engineer Professional，其中 AWS Certified DevOps Engineer Professional 則是架構在 Operations 及 Developer。

AWS 另一大軸向則是諸多 Specialty 的專業證照，這些專業有 AWS Certified Advanced Networking Specialty, AWS Certified Security Specialty, AWS Certified Machine Learning Specialty, AWS Certified Alexa Skill Builder Specialty, AWS Certified Data Analytics Specialty 及 AWS Certified Database Specialty。

雖然 Specialty 的專業證照並無如 Architect, Operations, Developer 這軸向證照有 Foundational, Associate, Professional 等級之分，但是還是建議能先考取 AWS Certified Cloud Practitioner，對整體 AWS 有基礎了解後，對於 Specialty 各專業證照的學習會更佳；但若能具備 AWS Certified Solutions Architect-Associate 證照，應能更容易完成 Specialty 的各項專業證照的學習。

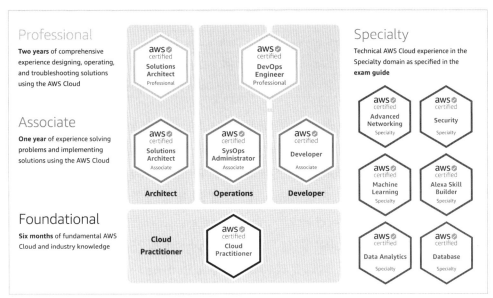

▲ 圖2-1 2021 年的 AWS 認證種類 [1]

§ 2.2 AWS 的學習資源

● AWS Educate

AWS Educate 針對雲端產業劃了 11 項的職業類別,並匯集及組織了 AWS 在 Youtube 及官網相關文件,提供各職業類別的學習路徑 (career pathways),提供給各大學學生基礎的雲端知識學習。目前台灣各大學學生都能申請 AWS Educate 帳號。此 Career Pathways,如表 2-1 所示,以 Cloud Computing 101 的課程為基礎,發展成 Application Developer, Cloud Support Associate, Cloud Support Engineer, Cybersecurity Specialist, Data Integration Specialty, Data Scientist, DevOps Engineer, Machine Learning Scientist, Software Development Engineer, Solutions Architect, Web Development Engineer 等 11 項雲端職業類別的學習路徑。

註 1 資料參考 AWS 官方文件, https://AWS.amazon.com/certification/?nc1=h_ls

2-3

▼ 表2-1　AWS Educate Career Pathway[註2]

Application Developer	Cloud Support Associate	Cloud Support Engineer	Cybersecurity Specialist
Data Integration Specialty	Data Scientist	DevOps Engineer	Machine Learning Scientist
Software Development Engineer	Solutions Architect	Web Development Engineer	

每一個 Career Pathway 有簡易的學習 modules，並有 knowledge check。
以 Data Scientist 為例，如表 2-2。它有 Introduction, Data and Databases:
Big Data, Data and Databases: Structures, Relational and Non-relational,
Software Development: Programming and Scripting 等 modules；每一
module 均有 knowledge check，knowledge check 都是 5 題測驗且至少答
對 4 題即可通過此 module；而在 Final Assessment 是 25 題至少答對 20 題；
Final Project 就要全對。當您完成特定 Career Pathway，您可以獲得對應的
badge。

▼ 表2-2　AWS Educate的課程modules-以Data Scientist為例

Module	Lesson
1	Introduction
2	Data and Databases: Big Data
3	Data and Databases: Structures, Relational and Non-relational
4	Software Development: Programming and Scripting
5	Platform Technologies
6	Final Assessment
7	Final Project

但自 2022 年起，AWS Educate 重新組織其內容，更重視技術知識的條理分
層，並提供給一般大眾的基礎雲端知識學習，不再僅限一般大學院校學生。
其內容區分為：(1) Most popular courses and labs，如表 2-3(a)；(2)Cloud
skill basics, 如表 2-3(b)；(3) Cloud skill advanced, 這個部分由原先 Career
Pathway 的 11 個職業類別，精淬為 8 個職業類別，如表 2-3(c)。

註2　資料參考 AWS Educate，https://www.awseducate.com/student/s/ accessed date: 2021/10/25

▼ 表2-3(a) AWS Educate Most popular courses and labs [註3]

Introduction to the AWS Management Console	Builder Labs	Introduction to Cloud 101(Labs)
Machine Learning Foundation(Lab)	AWS Deep Racer Primer(Lab)	

▼ 表2-3(b) AWS Educate Cloud skill basics [註3]

Cloud Literacy	Introduction to AWS IoT	Amazon Honeycode 101	Alex 101
Robotic Fundamentals	AWS DeepLens	Gaming 101	Amazon Datapalooza

▼ 表2-3(c) AWS Educate Cloud skill advanced [註3]

Cloud Support Engineer	Software Developer Engineer	Data Scientist	DevOps Engineer
Cybersecurity Specialist	Solutions Architect	Application Developer	Web Development Engineer

● AWS Academy

AWS Academy 提供相當多的線上課程及實作，每個課程都是針對特定的 AWS 證照，所以 AWS Academy 課程都是由 AWS Academy 認證的教育訓練機構所提供。自 2017 年 AWS Academy 亦授權經其認證之大學教師，依其認證等級授權對應的課程授課。目前 AWS Academy 提供的課程及對應的證照，如表 2-4。

▼ 表2-4 AWS Academy課程及其對應之證照

課程名稱	對應證照
AWS Academy Cloud Foundation	AWS Certified Cloud Practitioner
AWS Academy Cloud Architecting	AWS Certified Solution Architect - Associate
AWS Academy Data Analytics	AWS Certified Data Analytics Specialty
AWS Academy Machine Learning Foundations	AWS Certified Machine Learning Specialty
AWS Academy Cloud Operations	AWS Certified SysOps Administrator - Associate
AWS Academy Cloud Developing	AWS Certified Cloud Developer - Associate

---

註3 資料參考AWS Educate，https://www.awseducate.com/signin/SiteLogin

一個 AWS Academy 課程規劃許多課程 modules，並有許多 lab., Knowledge Check, Student Guide, video 等，當您完成該課程後，可以得到該課程的 certificate 或 badge。以 AWS Academy Machine Learning Foundations 課程為例，其課程 module 如表 2-5。由於 AWS Academy 課程目的在對應相關證照，所以它的 lab. 及 Knowledge Check 都是證照考試的重點，一定要相當熟悉。

▼ 表2-5　AWS Academy課程modules以Machine Learning Foundations為例

Module	Lesson
1	Welcome to AWS Academy Machine Learning Foundations
2	Introducing Machine Learning
3	Implementing a Machine Learning pipeline with Amazon SageMaker
4	Introducing Forecasting
5	Introducing Computer Vision (CV)
6	Introducing Natural Language Processing
7	Course Wrap-Up

● AWS Training and Certification

AWS Academy 是培訓機構針對證照考試的課程設計；過往 AWS Educate 係針對大專院校學生的教學資源整合；兩者皆由其特定的目標族群。一般大眾對於證照相關訊息可以透過 AWS Training and Certification 獲取相關證照的 Guideline、簡易的 AWS 技術數位課程、全球各地實體證照課程的開班訊息、全球各地證照考試及報名訊息、甚至您的證照考取的紀錄等都可以在這學習資源裡獲得。其網址是 https://aws.amazon.com/training/?nc1=h_ls。

第三章

在 AWS 建構
網站

AWS 的全名為 Amazon Web Service，因此在 AWS 開發網站應用服務，應是了解 AWS 的重要起點。本章即藉由在 AWS 開發一個簡單 "Hello World" 網站的過程，據以體會 AWS 的各項環境及操作，相信這是熟悉 AWS 的起點。

在此建議在 AWS 系統操作皆使用英文介面，雖然 AWS 亦提供中文介面，但礙於名詞翻譯的問題，對台灣讀者而言常有認知的困擾，採英文介面是較為精確的方式。

§3-1　在 AWS 建構網站

● Launch an instance

instance 是 AWS 的運算實體，把它想做是一個 server 也可以，但它落在 AWS 雲計算平台環境，就能充分得到雲計算各項功能的支撐，展現的優勢及特性，非傳統機房 server 所能類比。本實作在 AWS 產生一個 instance，據以規劃成一個簡單的網站。

步驟 3-1：透過瀏覽器連線至 https://aws.amazon.com/tw/ ，利用在 AWS 註冊的帳號**登入主控台**，即所謂的 AWS Management Console，如圖 3-1（a）。

▲ 圖3-1（a）

AWS Management Console 環境請務必使用英文，語言選項位於頁面左下角，點開請選擇 **English（US）** 或 **English（UK）**。

接下來展開 **All services**，進入 AWS Management Console 的 Service Categories 服務分類，如圖 3-1（b）。

▲ 圖3-1（b）

選擇 **EC2** 服務，如圖 3-1（c）。EC2 是 Elastic Compute Cloud 的縮寫，是 Amazon 藉由 Web 服務的方式，讓使用者隨時可以彈性調整 AWS 雲端所需的運算效能、記憶體大小。其計費方式將視所運行的資源用量，用多少算多少 (pay as you go)，有效降低開發前期所需的硬體投資，大幅減少開發的期程及維護時間。

接續步驟將引領您如何利用 Amazon EC2 的服務，自行建構網站及網路環境。

★ **觀察 1** EC2 在眾多 AWS 服務分類中屬於哪一服務分類？在此服務分類，我們還常使用哪些服務？

★ **觀察 2** 我們還可以透過什麼樣方法找到所需要的服務？

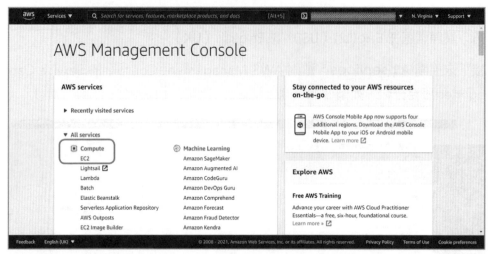

▲ 圖3-1（c）

步驟 3-2：點 **EC2 Dashboard**，此處可以觀看目前使用在 N.Virginia 所使用 EC2 的相關 resources，而我們要建立一個 instance，請點選 **Launch instance**，如圖 3-2。

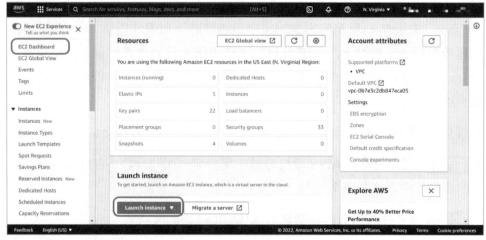

▲ 圖3-2

步驟 3-3：點選 **Select** 選擇安裝您所需要的 Amazon Machine Image，簡稱 AMI。AMI 是包含作業系統、應用程式所需的伺服器及應用程式，本範例選擇 Amazon Linux 2 AMI(HVM)-Kernel 5.10,SSD Volume Type[註1] 的版本，如圖 3-3。

★ 觀察 3 這 instance 坐落在哪個 region ？全世界還有哪幾個 regions ？

★ 觀察 4 這 instance 還包含哪些系統軟體呢？

▲ 圖3-3

步驟 3-4：在 Amazon EC2 服務中提供了多種類型的 instance，以滿足不同的使用案例。可依據應用程式所需的運算資源組合來選擇 Instance Type，本範例所選擇的型號為 t2.micro 規格，如圖 3-4，接著請點選 **Next Configure Instance Details**。

★ 觀察 5 請問 t2.micro 的 vCPUs、Memory、Instance Storage 及 Network Performance 的規格為何？

註1　Amazon Linux 2 是新一代的 Amazon Linux 作業系統，更多資料請參考 AWS 官方文件，https://aws.amazon.com/tw/amazon-linux-2/?amazon-linux-whats-new.sort-by=item.additionalFields.postDateTime&amazon-linux-whats-new.sort-order=desc。

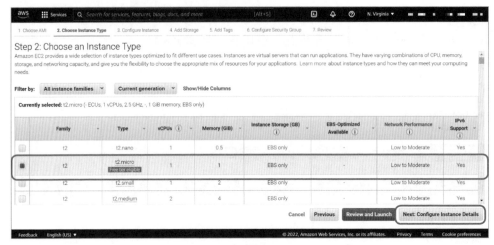

▲ 圖3-4

★ 觀察6 請問 t2.micro 屬於哪個 instance 屬性類別？

步驟 **3-5**：接著設定 instance 的各項細部設定，如圖 3-5（a）。Advanced Details 指當 Amazon EC2 上啟動 instance 時，此處的設定會逐一執行，在此不做任何設定，接著點選 **Next Add Storage** 來設定 Storage，如圖 3-5（d）。

★ 觀察7 請問什麼是 VPC？

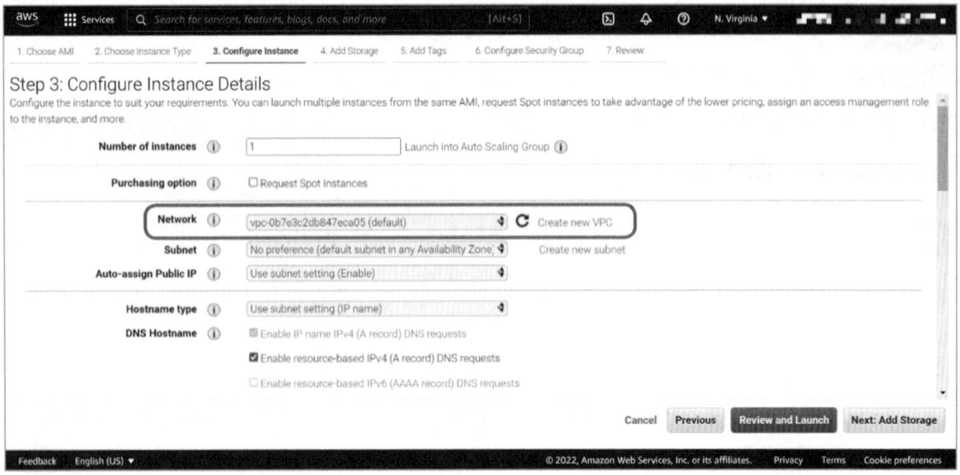

▲ 圖3-5（a）

▲ 圖3-5（b）

▲ 圖3-5（c）

第三章　在 AWS 建構網站

▲ 圖3-5（d）

步驟 **3-6**：設定 Storage 的 Size 及 Volume Type。Amazon EBS 提供各種不同效能及價格的磁碟儲存類型，能夠依應用程式需求的儲存效能及成本量身打造，注意預設的 Size 是 8G。若要增加新的 Volume，可以按下 **Add New Volume**，如圖 3-6。此處只使用預設的 storage 容量。接著點選 **Next Add Tags** 來設定標籤。

★ 觀察 8 若這 instance 為 Windows Server，其 Size 為何？

▲ 圖3-6

3-8

步驟 **3-7**：Tag 是由 1 組 Key 和 Value 組成，可用於組織您在 AWS 資源的相關資料，方便管理您的 AWS 資源。範例中建立 1 組 Key 為 Name，Value 為 Web 的標籤，為您的 instance 取個名稱，建立 Tag 並按下 **Add Tag**，如圖 3-7（a）。接著點選 **Next Configure Security Group** 來設定 Security Group，如圖 3-7（b）。

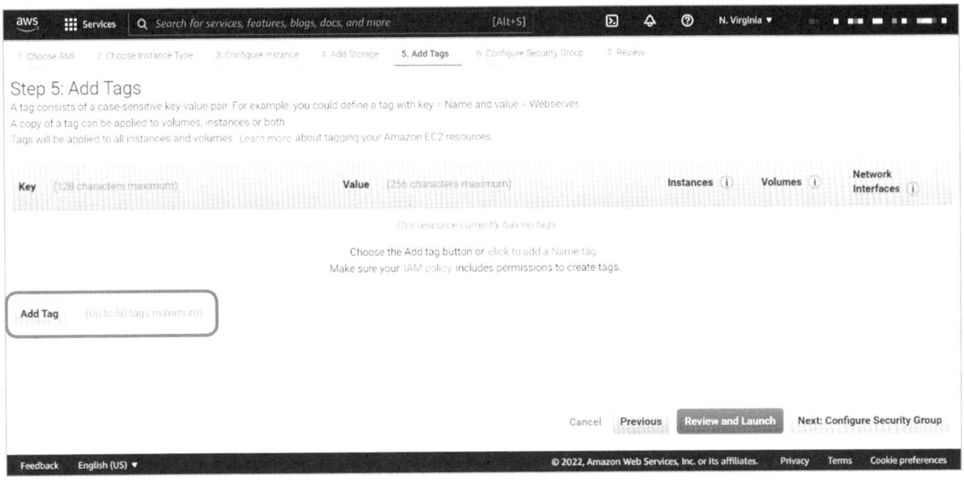

▲ 圖3-7（a）

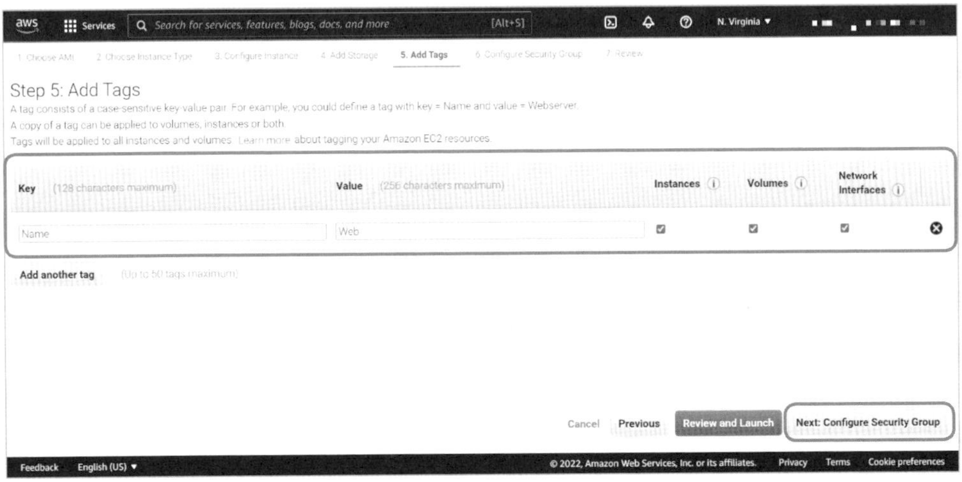

▲ 圖3-7（b）

步驟 3-8：Security Group 即所謂的 FireWall，可控制傳入及傳出的流量。傳入規則會控制傳入至 instance 的流量，傳出規則會控制從 instance 傳出的流量。在此可設定 SSH 及 HTTP 的防火牆規則，記得 Source 來源 IP 要選擇 Anywhere，如有需要增加其他 Type 可按下 Add Rule，如圖 3-8。接著點選 **Review and Launch**，重新檢視各項設定。

★ 觀察9 請問 SSH 的作用何在？ HTTP 的作用何在？

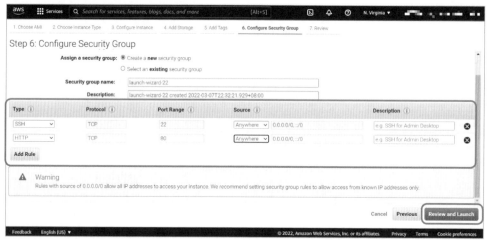

▲ 圖3-8

步驟 **3-9**：在確認各項設定後，請點選右下角 **Launch** 建立 instance，如
圖 3-9（c）。

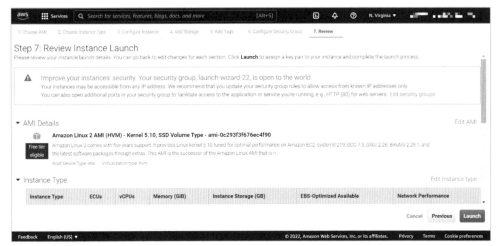

▲ 圖3-9（a）

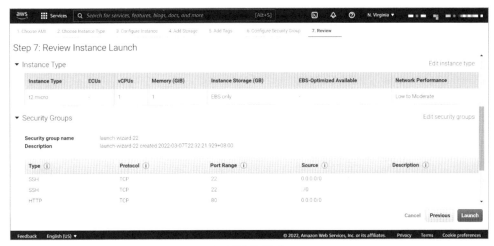

▲ 圖3-9（b）

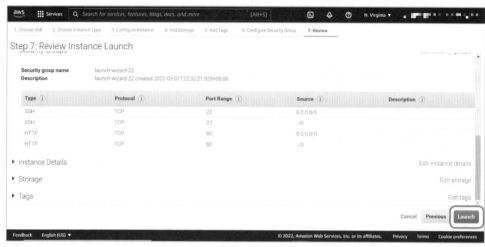

▲ 圖3-9（c）

步驟 **3-10**：選擇 **Create a new key pair** 產生一組新的 Key pair，並在 Key pair name 中輸入 Key pair 的名稱，在此輸入 NAME，點選 **Download Key Pair** 下載金鑰，按下 **Launch Instances** 產生 Instance，如圖 3-10 (a)。

★ 觀察 10 這 Download Key Pair 的副檔名為何？ Key Pair 的用處為何？

▲ 圖3-10（a）

接著出現 Your instances are now launching 的訊息,如圖 3-10(b)。

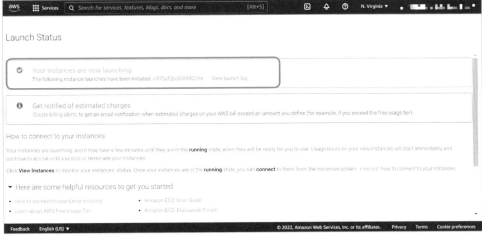

▲ 圖3-10(b)

移到頁面最下方,點選 **View Instances**,如圖 3-10(c)。

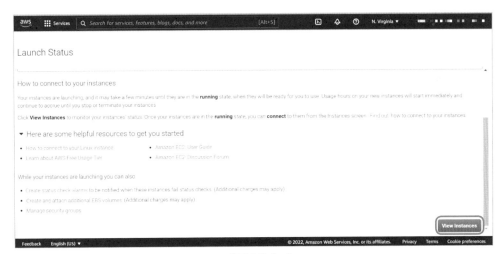

▲ 圖3-10(c)

步驟 **3-11**：接著確認 Instance 的 Status check 須直到 2/2 checks passed 狀態才算完成，如圖 3-11。

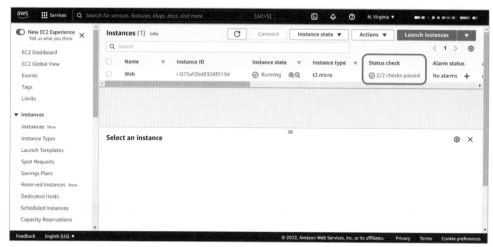

▲ 圖3-11

步驟 **3-12**：確認此 Instance 的 Public IP，請檢視 Public IPv4 address，如圖 3-12。

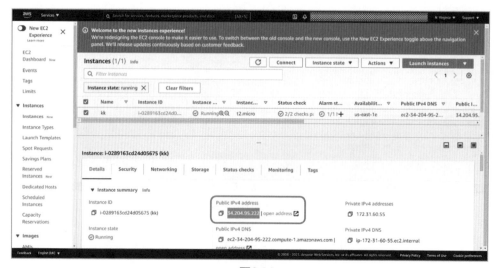

▲ 圖3-12

步驟 **3-13**：利用瀏覽器檢視這 instance。在網址輸入步驟 3-12 所查詢到的 Public IP，如圖 3-13。

★ 觀察 11 可否瀏覽網頁？為何看不到網頁呢？

▲ 圖3-13

● 利用 Putty 連線到該 instance

在步驟 3-10 的 Key Pair 格式是 .pem 格式。在 Windows 系統，我們通常使用 Putty 連接到一個 Linux 系統主機，其所需的 Key Pair 格式是 .ppk 格式。以下步驟 3-14 則是要將 .pem 格式先轉換成 .ppk 檔格式，之後再用 Putty 連到該 instance。

步驟 3-14：開啟 Puttygen.exe 並按下 **Load**，載入 .pem 的 Key Pair 並轉換成 .ppk 格式，如圖 3-14（a）。

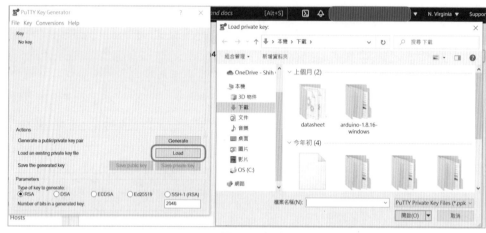

▲ 圖3-14（a）

接著在檔案類型中選擇 **All Files（*.*）**，點選在步驟 3-12 所下載檔案名稱為 **NAME.pem** 的 Key pair，並點選**開啟**，如圖 3-14（b）。

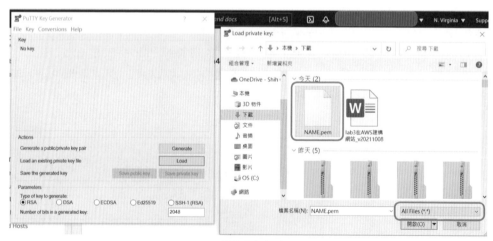

▲ 圖3-14（b）

跳出 PuTTYgen Notice 訊息，提醒您已成功匯入 pem，並按下**確定**，如圖 3-14
（c）。

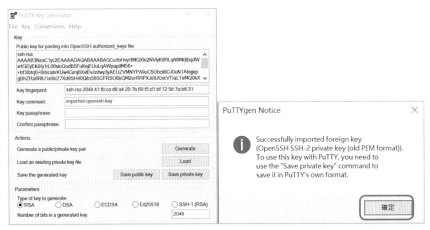

▲ 圖3-14（c）

接著按下 **Save private key** 將私鑰存出， 這時會跳出警告視窗，提醒您這
個金鑰不受 passphrase 保護，請點選**是 (Y)** 將其儲存，如圖 3-14（d）。

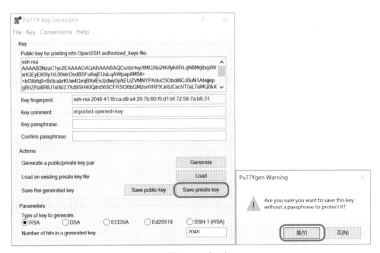

▲ 圖3-14（d）

儲存副檔名為 .ppk 的私鑰，建議檔名跟 .pem 相同，並點選**存檔**，如圖 3-14
（e）。

▲ 圖3-14（e）

NAME.ppk 產生完成，如圖 3-14（f）。

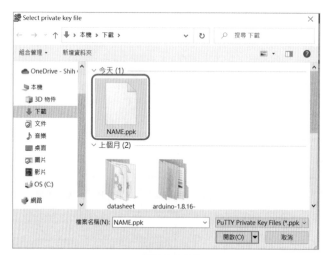

▲ 圖3-14（f）

步驟 3-15：利用 PuTTY 應用程式去連線該 instance，如圖 3-15（a）。
在 Putty 應用程式中的 Host Name（or IP address）輸入步驟 3-12 所產生的
instance 的 Public IP。

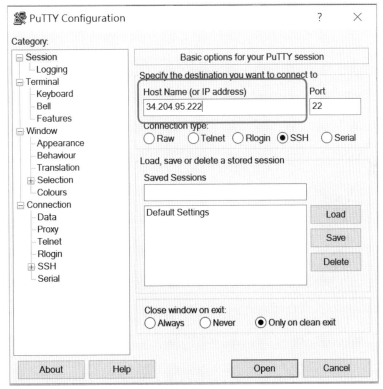

▲ 圖3-15（a）

展開 PuTTY 連線應用程式右側 Category 中 Connection 設定中的 **SSH** 選項，
再展開 **Auth** 後，再點選 **Browse⋯**，選擇用步驟 3-14 所產生的 key Pair，檔
名為 NAME.ppk 來進行驗證（Auth）並按下 **Open**，如圖 3-15（b）。

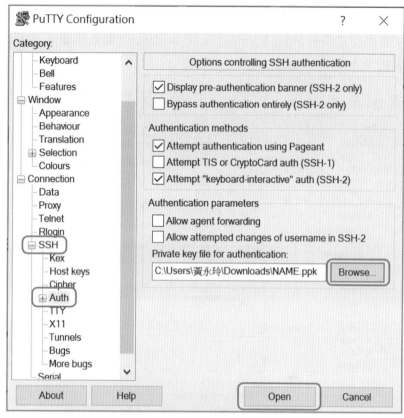

▲ 圖3-15（b）

成功連線至該 instance 並按下**是 (Y)**，如圖 3-15（c）。

▲ 圖3-15（c）

連線至這 Instance，登入的帳號預設為 ec2-user；接著就進到這作業系統為
Amazon Linux 2 的 Instance，如圖 3-15（d）。

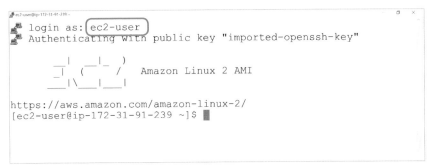

▲ 圖3-15（d）

● 將 instance 規劃為 LAMP server

LAMP 是 Linux、Apache、MySQL 或 MariaDB 及 PHP 的縮寫。在步驟 3-13
我們可以看到之前產生的 instance 只是純粹的一部 instance，而非一個 web
server。在以下的系列步驟，將此 instance 規劃成一部 LAMP server，如此就
可以在這部 instance 建立網站。

★ 觀察 12 我們如何得知將 AWS instance 建構成 LAMP server 的相關命令
呢？

步驟 3-16：執行指令碼來確保所有軟體套件皆為最新版本。sudo 指令意
思為 "superuser do"，為了讓目前使用者 ec2-user 暫時取得超級使用者 root
的權限來執行命令。yum 指令是一套自動安裝工具，用來管理 RPM 套件的工
具，可以自動處理套件相依性的問題，在 Red Hat 系列的 Linux 系統上經常
被使用， 如圖 3-16。指令如下：

```
sudo yum update –y
```

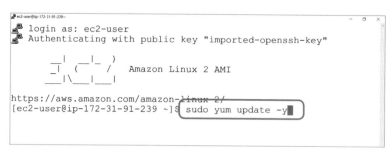

▲ 圖3-16

步驟 **3-17**：安裝 lamp-mariadb10.2-php7.2 和 php7.2 Amazon Linux Ex-tras 儲存庫以取得適用於 Amazon Linux 2 的 LAMP MariaDB 和 PHP 套件之最新版本，如圖 3-17。指令如下：

sudo amazon-linux-extras install -y lamp-mariadb10.2-php7.2 php7.2

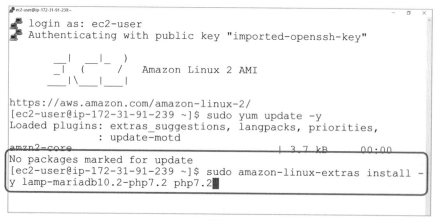

▲ 圖3-17

步驟 **3-18**：安裝 Apache Web 伺服器、MariaDB 和 PHP 軟體套件，如圖 3-18。指令如下：

sudo yum install -y httpd mariadb-server

```
45  haproxy2                          available   [ =stable ]
46  collectd                          available   [ =stable ]
47  aws-nitro-enclaves-cli            available   [ =stable ]
48  R4                                available   [ =stable ]
49  kernel-5.4                        available   [ =stable ]
50  selinux-ng                        available   [ =stable ]
_   php8.0                            available   [ =stable ]
52  tomcat9                           available   [ =stable ]
53  unbound1.13                       available   [ =stable ]
_   mariadb10.5                       available   [ =stable ]
55  kernel-5.10                       available   [ =stable ]
56  redis6                            available   [ =stable ]
57  ruby3.0                           available   [ =stable ]
58  postgresql12                      available   [ =stable ]
59  postgresql13                      available   [ =stable ]
60  mock2                             available   [ =stable ]
61  dnsmasq2.85                       available   [ =stable ]
[ec2-user@ip-172-31-91-239 ~]$ sudo yum install -y httpd mariadb-
server
```

▲ 圖3-18

步驟 **3-19**：啟動 HTTP 服務，systemctl 指令是 Linux 系統用來管理 Systemd 的系統服務，如圖 3-19。 指令如下：

sudo systemctl start httpd

```
mariadb-backup.x86_64 3:10.2.38-1.amzn2.0.1
mariadb-cracklib-password-check.x86_64 3:10.2.38-1.amzn2.0.1
mariadb-errmsg.x86_64 3:10.2.38-1.amzn2.0.1
mariadb-gssapi-server.x86_64 3:10.2.38-1.amzn2.0.1
mariadb-rocksdb-engine.x86_64 3:10.2.38-1.amzn2.0.1
mariadb-server-utils.x86_64 3:10.2.38-1.amzn2.0.1
mariadb-tokudb-engine.x86_64 3:10.2.38-1.amzn2.0.1
mod_http2.x86_64 0:1.15.19-1.amzn2.0.1
perl-Compress-Raw-Bzip2.x86_64 0:2.061-3.amzn2.0.2
perl-Compress-Raw-Zlib.x86_64 1:2.061-4.amzn2.0.2
perl-DBD-MySQL.x86_64 0:4.023-6.amzn2
perl-DBI.x86_64 0:1.627-4.amzn2.0.2
perl-Data-Dumper.x86_64 0:2.145-3.amzn2.0.2
perl-IO-Compress.noarch 0:2.061-2.amzn2
perl-Net-Daemon.noarch 0:0.48-5.amzn2
perl-PlRPC.noarch 0:0.2020-14.amzn2

Complete!
[ec2-user@ip-172-31-91-239 ~]$ sudo systemctl start httpd
```

▲ 圖3-19

步驟 3-20：如何能夠使 instance 在一開機時就啟動 HTTP 服務？可以透過以下設定，如圖 3-20。指令如下：

```
sudo systemctl enable httpd
```

```
ec2-user@ip-172-31-91-239:~                                    －  □  ×
 mariadb-cracklib-password-check.x86_64 3:10.2.38-1.amzn2.0.1
 mariadb-errmsg.x86_64 3:10.2.38-1.amzn2.0.1
 mariadb-gssapi-server.x86_64 3:10.2.38-1.amzn2.0.1
 mariadb-rocksdb-engine.x86_64 3:10.2.38-1.amzn2.0.1
 mariadb-server-utils.x86_64 3:10.2.38-1.amzn2.0.1
 mariadb-tokudb-engine.x86_64 3:10.2.38-1.amzn2.0.1
 mod_http2.x86_64 0:1.15.19-1.amzn2.0.1
 perl-Compress-Raw-Bzip2.x86_64 0:2.061-3.amzn2.0.2
 perl-Compress-Raw-Zlib.x86_64 1:2.061-4.amzn2.0.2
 perl-DBD-MySQL.x86_64 0:4.023-6.amzn2
 perl-DBI.x86_64 0:1.627-4.amzn2.0.2
 perl-Data-Dumper.x86_64 0:2.145-3.amzn2.0.2
 perl-IO-Compress.noarch 0:2.061-2.amzn2
 perl-Net-Daemon.noarch 0:0.48-5.amzn2
 perl-PlRPC.noarch 0:0.2020-14.amzn2

Complete!
[ec2-user@ip-172-31-91-239 ~]$ sudo systemctl start httpd
[ec2-user@ip-172-31-91-239 ~]$ sudo systemctl enable httpd
```

▲ 圖3-20

步驟 3-21：利用瀏覽器瀏覽步驟 3-14 所查詢到的 Public IP。哇，看到網站了！如圖 3-21。但是仍舊不是自己做的網頁！

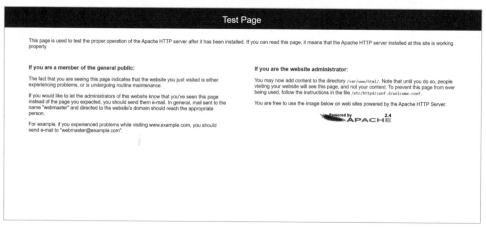

▲ 圖3-21

● **使用 nano 建構自己的網站**

步驟 3-22：利用文字編輯器 nano，在網站的目錄下編輯 index.html，如圖 3-22。指令如下：

sudo nano /var/www/html/index.html

```
mod_http2.x86_64 0:1.15.19-1.amzn2.0.1
perl-Compress-Raw-Bzip2.x86_64 0:2.061-3.amzn2.0.2
perl-Compress-Raw-Zlib.x86_64 1:2.061-4.amzn2.0.2
perl-DBD-MySQL.x86_64 0:4.023-6.amzn2
perl-DBI.x86_64 0:1.627-4.amzn2.0.2
perl-Data-Dumper.x86_64 0:2.145-3.amzn2.0.2
perl-IO-Compress.noarch 0:2.061-2.amzn2
perl-Net-Daemon.noarch 0:0.48-5.amzn2
perl-PlRPC.noarch 0:0.2020-14.amzn2

Complete!
[ec2-user@ip-172-31-91-239 ~]$ sudo systemctl start httpd
[ec2-user@ip-172-31-91-239 ~]$ sudo systemctl enable httpd
Created symlink from /etc/systemd/system/multi-user.target.wants/
httpd.service to /usr/lib/systemd/system/httpd.service.
[ec2-user@ip-172-31-91-239 ~]$ #!/bin/bash
[ec2-user@ip-172-31-91-239 ~]$ sudo nano /var/www/html/index.htm
l
```

▲ 圖3-22

步驟 3-23：在文字編輯器 nano 編輯畫面中，無法使用滑鼠，請使用鍵盤來移動你的游標，輸入 <html><h1>Hello From Your Web Server!</h1></html>，如圖 3-23。

▲ 圖3-23

步驟 3-24：特別注意編輯完，記得按下鍵盤 **ctrl+O** 存檔，如圖 3-24（a）。
^ 代表的是 ctrl 鍵，按 ^ O 出現以下畫面、再按下鍵盤 **Enter** 儲存，如圖 3-24
（b）。

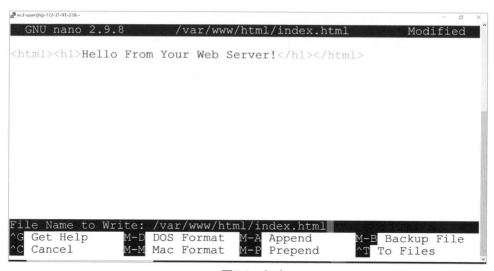

▲ 圖3-24（a）

▲ 圖3-24（b）

按下鍵盤 **ctrl+X**，離開 nano，回到如圖 3-24（c）的畫面。

```
mod_http2.x86_64 0:1.15.19-1.amzn2.0.1
perl-Compress-Raw-Bzip2.x86_64 0:2.061-3.amzn2.0.2
perl-Compress-Raw-Zlib.x86_64 1:2.061-4.amzn2.0.2
perl-DBD-MySQL.x86_64 0:4.023-6.amzn2
perl-DBI.x86_64 0:1.627-4.amzn2.0.2
perl-Data-Dumper.x86_64 0:2.145-3.amzn2.0.2
perl-IO-Compress.noarch 0:2.061-2.amzn2
perl-Net-Daemon.noarch 0:0.48-5.amzn2
perl-PlRPC.noarch 0:0.2020-14.amzn2

Complete!
[ec2-user@ip-172-31-91-239 ~]$ sudo systemctl start httpd
[ec2-user@ip-172-31-91-239 ~]$ sudo systemctl enable httpd
Created symlink from /etc/systemd/system/multi-user.target.wants/
httpd.service to /usr/lib/systemd/system/httpd.service.
[ec2-user@ip-172-31-91-239 ~]$ #!/bin/bash
[ec2-user@ip-172-31-91-239 ~]$  sudo nano /var/www/html/index.htm
l
[ec2-user@ip-172-31-91-239 ~]$ 
```

▲ 圖3-24（c）

步驟 **3-25**：再次瀏覽在步驟 3-14 所查詢到這 instance 的 Public IP，如圖 3-25，網頁內容就改變囉！！

★ 觀察 13 請問 AWS 服務除了 EC2 以外，還可以採用 AWS 什麼服務來建置網站呢？

Hello From Your Web Server!

▲ 圖3-25

● 在本實作您已啟動及使 EC2 相關資源，按雲端的使用付費（pay as you go）您須支付這資源使用費用。建議您隨時將雲端資源釋放，釋放的方式請參考本書的附錄 A。

§3-2　本章節的學習

● **上述觀察的學習**

★ 觀察 1 EC2 在眾多 AWS 服務分類中屬於哪一服務分類？在此服務分類，我們還常使用哪些服務？

在步驟 3-1 中，我們可以觀察到 EC2 是屬於 Compute 的服務分類，其中又有我們常用到的 Lightsail、Lambda、Elastic Beanstalk 等服務，如圖 3-26。Compute 服務分類是 AWS 運用最廣的服務分類，除了本章使用 EC2 外，本書在第十章及第七章還有 Lambda 及 Elastic Beanstalk 的實作範例。

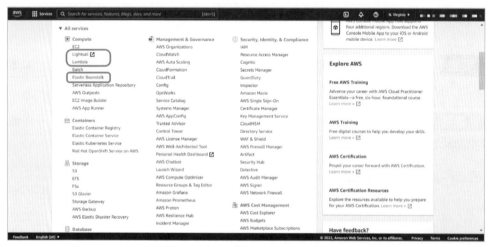

▲ 圖3-26

★ 觀察 2 我們還可以透過什麼樣方法找到所需要的服務？

我們還可以經由頁面左上方 Services 選擇服務類別後，再選取需要的服務；或透過右邊搜尋欄位輸入要尋找的服務名稱，來找到所需要的 AWS 服務；或者透過 Recently visited services 來選取曾經使用過的 AWS 服務，如圖 3-27。

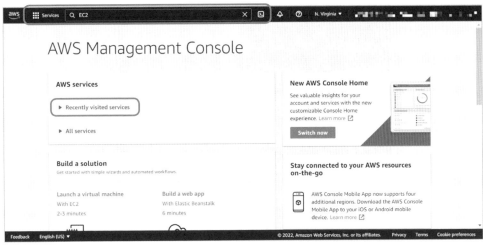

▲ 圖3-27

★ 觀察 3 這 instance 坐落在哪個 region ？全世界還有哪幾個 regions ？

1. 在步驟 3-3 中的觀察有提到這 instance 坐落在哪個 region ？答案是 N.Virginia 北維吉尼亞州，如圖 3-28（a）。將該 region 選項展開，可以看到 AWS 其他可被選用的 regions, 如圖 3-28（b）。

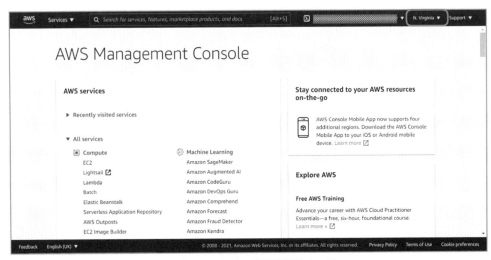

▲ 圖3-28（a）此圖與圖3-3一致

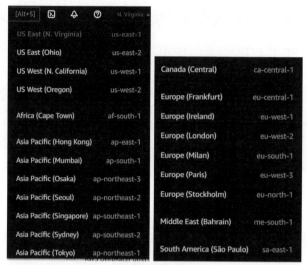

▲ 圖3-28（b）

2. 全世界還有哪幾個 regions？截至 2022 年 1 月止，AWS 已遍及全球有 26 個 regions 及 84 個 Availability Zone，分別座落於北美洲、南美洲、歐洲、非洲、中國、亞太及中東等地理區域，並已宣告未來計劃在澳洲、加拿大、印度、以色列、紐西蘭、西班牙、瑞士和阿拉伯聯合大公國 (UAE) 增加 24 個 Availability Zones 和 8 個 AWS regions，如圖 3-29。

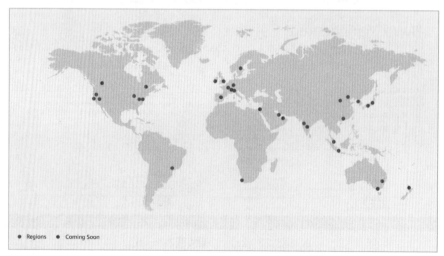

▲ 圖3-29 AWS 全球基礎設施地圖 [註2]

註2　資料參考 AWS 官方文件，https://aws.amazon.com/about-aws/global-infrastructure/?nc1=h_ls

★ **觀察 4** 這 instance 還包含哪些系統軟體呢？

1. Linux 2 AMI 是什麼呢？

Amazon Linux 2 是 Amazon Linux 的新版本，Amazon Linux 2 可以在 Amazon EC2 的 AMI 做使用，是 Amazon Web Services（AWS）的 Linux 系統，包含許多 AWS 的軟件套件而且 Amazon Linux 2 是不須付費的，如圖 3-30。

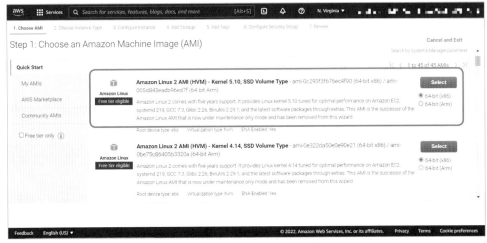

▲ 圖3-30　此圖與圖3-3一致

2. Amazon Linux 2 還包含哪些系統軟體呢？這是比較常見會使用到的相關系統軟體，如表 3-1 。

▼ 表3-1 [註3]

Apache	gcc	boost	compat	httpd
httpd	java	javacc	json	mysql
nano	perl	php	pinfo	postgresql
python	redhat	ruby	rubygem	yum

註3　資料參考 Amazon Linux AMI 2018.03 Packages　https://aws.amazon.com/tw/amazon-linux-ami/2018-03-packages/

★ 觀察 5 請問 t2.micro 的 vCPUs、Memory、Instance Storage 及 Network Performance 的規格為何？

在步驟 3-4 中提到 Instance Type 規格，其 vCPU 為 1 、Memory 為 1G、Instance Storage 為 EBS only、Network Performance 為 Low to Moderate，如圖 3-31。

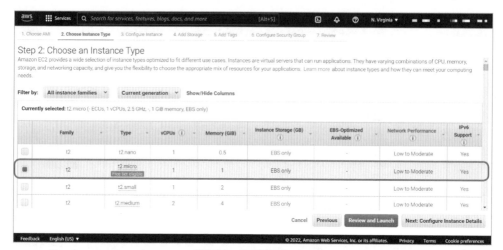

▲ 圖3-31　此圖與圖3-4一致

★ 觀察 6 請問 t2.micro 屬於哪個 instance 屬性類別？

t2.micro 屬於 Type 中的 t2 類別，如圖 3-31。t2 在 AWS EC2 instance 類型裡是屬一般用途類型的 Free tier eligible 。Freetier eligible 指適用第一次註冊 AWS account 的用戶，在 t2.micro 可用區域內，一年內可享有每個月 750 小時的免費方案。其 price 為美金 $0.0116/hr，如表 3-2。

▼ 表3-2

instance name	On-Demand hourly rate	vCPU	Memory	Storage	Network Performance
t2.micro	$0.0116/hr	1	1GB	EBS only	Low to Moderate

★ 觀察 7 請問什麼是 VPC ？

在步驟 3-5 中提到 Amazon Virtual Private Cloud （Amazon VPC） 可讓您將 AWS 資源啟動到您所定義的虛擬網路。這個虛擬網路與傳統 data center 的操作非常相似，但雲端則有可擴展的彈性優勢，如圖 3-32。

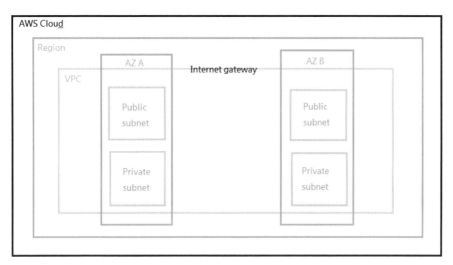

▲ 圖3-32 [註4]

VPC 相關設備名詞：

- **AZ**：Availability Zone。VPC 包含兩個 AZ，而 AZ 之間有距離區隔，因此，VPC 俱有容錯及備援功能。
- **Subnet** 為 VPC 裡的子網路。
- **Internet gateway** 為在 VPC 中的 Source 與 Internet 通訊的 **gateway**。

註4　資料參考 **AWS Academy Cloud Foundations** Lab 2 - Build your VPC and Launch a Web Server

★ 觀察 8 若這部 instance 為 Windows Server，其 Size 為何？

展開 AMI Details 項目，若我們採用 Microsoft Windows Server 2019 Base 版本時，預設的 EBS 空間 Size 為 30GB，如圖 3-33。

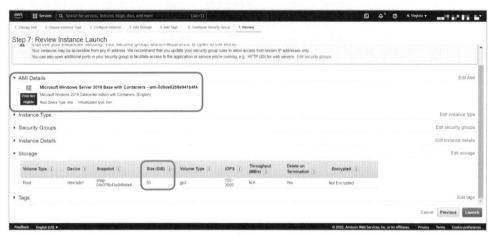

▲ 圖3-33

★ 觀察 8 請問 SSH 的作用為何嗎？及 HTTP 的作用為何嗎？

在步驟 3-15 中使用 SSH 連線軟體，透過 TCP Protocol 的 port 22 連線到您的 instance，如圖 3-34。圖 3-35 的 PuTTY 終端機視窗，指定私密金鑰（.ppk）的路徑和檔案名稱、instance 的使用者名稱，以及 instance 的公有 DNS 名稱或 IP 位址。

對於 HTTP 流量，則是透過 TCP Protocol 的 port 80，新增允許來自來源地址 0.0.0.0/0 或 ::/0（即 Anywhere，如圖 3-34 的 Source 所示）的傳入規則，傳入規則允許來自 IPv4 地址的流量。Security Group 的預設規則是 Deny 拒絕所有傳入的連線。

§3-2 本章節的學習

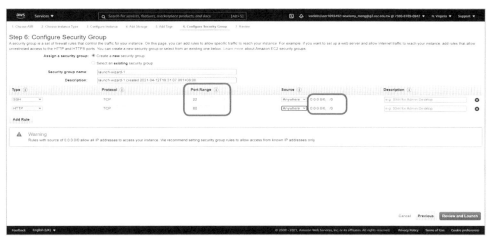

▲ 圖3-34 此圖與圖3-8一致

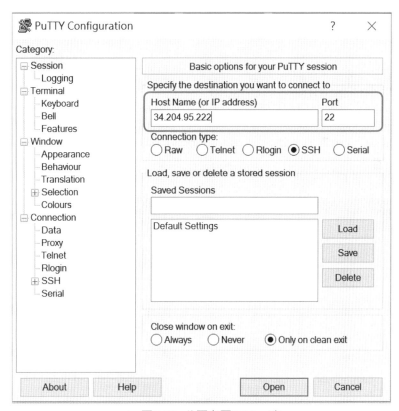

▲ 圖3-35 此圖與圖3-15一致

★觀察 10 這 Download Key Pair 的副檔名為何？ Key Pair 的用處為何？

Download Key Pair 的副檔名為 .pem，把這把 Key Pair 下載後並使用 Puttygen 軟體工作轉成為 .ppk 檔，即可透過此把 Key Pair 以 Putty 連線登入 Linux Instance。

★觀察 11 完成步驟 3-13 可否瀏覽網頁？為何看不到網頁呢？

否，因為目前還未安裝 Apache 套件且此 Linux instance 也無網頁檔案。

★觀察 12 我們如何得知將 AWS instance 建構成 LAMP server 的相關命令呢？

可以在任何瀏覽器搜尋：AWS instance Linux 2 LAMP，即可獲得相關的訊息。

★觀察 13 請問 AWS 服務除了 EC2 服務以外，還可以採用什麼服務來建置網站呢？

第七章以 Elastic Beanstalk 來建構網站；另外 Lightsail 也是常被用來建構簡易網站，本章最後有簡單的比較與討論。

● **AWS Management Console：**

AWS Managemnet Console 提供使用者 Web 操作介面，可以經由這個介面使用 AWS 服務資源，但您必須先註冊並取得 AWS account 後，才能登入 AWS Management Console，如圖 3-36。

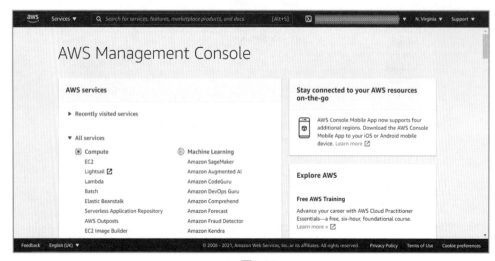

▲ 圖3-36

● Instance:

EC2 係使用虛擬化技術的虛擬機器,又稱作「實例」或「執行個體」(In-stance),如圖 3-37。

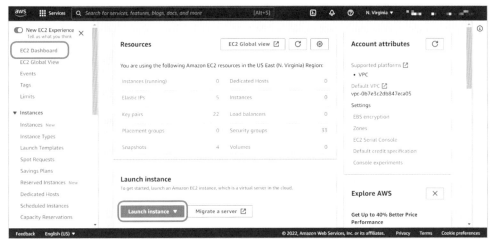

▲ 圖3-37 此圖與圖3-2一致

● Security Group:

步驟 3-8 提到 Security Group。Security Group 也就是 EC2 instance 的虛擬 firewall,管控網路流量的傳入及傳出。在未設定 Security Group 時,Amazon EC2 預設為 Deny 所有的傳入流量的 Security Group,來保護 EC2 instance 的安全。

● Amazon EC2 與 Amazon Lightsail 有什麼不同 ??

Amazon EC2 服務是用在小規模或甚至複雜架構的應用程式,能承受更重負載的工作效能。在 AWS 部署應用程式會因為系統架構不同,而須依需求進行調整,在網路的部分可依據需求將 Subnet 分為公有或私有網路,而 Amazon EC2 服務中的 instance 可以使用 Amazon EC2 Auto Scaling,並且可以修改 Instance Type。然而 Amazon Lightsail 僅能夠用於簡單的 Web 應用程式或網站,負載小至中等的應用程式,在部署過程中也相對輕鬆簡單,在網路的部分就沒有 Subnet 的概念，所以就無法支援 Instance Auto Scaling，而 Instance 在啟動後就無法修改，如要修改就必須重新 Launch 新的 instance。[註5]

註5　資料參考 AWS 官方文件，https://aws.amazon.com/tw/premiumsupport/knowledge-center/lightsail-differences-from-ec2/

第四章

AWS Elastic IP

在第三章我們將一個 AWS Instance 規劃成一個 LAMP，並據以建構成一個網站。對於一個網站來說，有固定的 IP 應該是一個基本的需求。然而我們在第三章建構的 instance，若將它從 stop 再 start，IP 是會改變的，這很不利於 web sever 的規劃。為使 instance 有固定的 IP，賦予 instance 一個 Elastic IP 是重要的工作。所以本章節更進一步賦予 instance 一個 Elastic IP。

§4-1　賦予 Instance 一個 Elastic IP

先依循第三章步驟 3-1 至步驟 3-15 產生一個 instance 後再進行本章接後續的步驟。

● Instance 從 stop 再 start 的 public IP 變化

步驟 4-1：創建好的 EC2 instance 如圖 4-1（a）；觀察其 Public IPv4 address：44.201.203.236；對此 Instance 再 **Stop Instance** 後，如圖 4-1（b）。

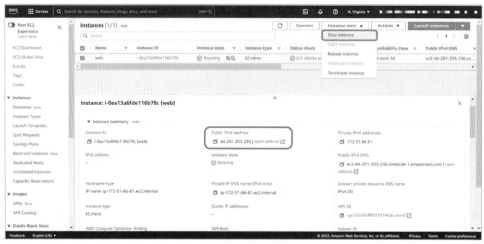

▲ 圖4-1（a）

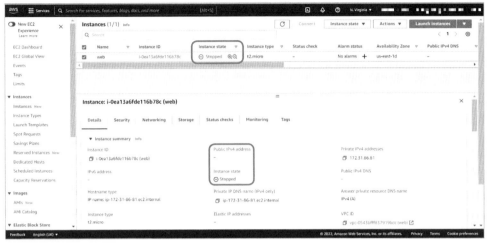

▲ 圖4-1（b）

步驟 4-2：在右上角 Instance state 選單中，點選 **Start Instance** 將上一步驟的 instance 啟動，如圖 4-2（a），啟動後的 Instance，其 Instance state 狀態改為 Running，如圖 4-2（b）。觀察此時的 Public IPv4 address：18.204.201.47，與 stop 之前的 Public IP（44.201.203.236）已經改變了。

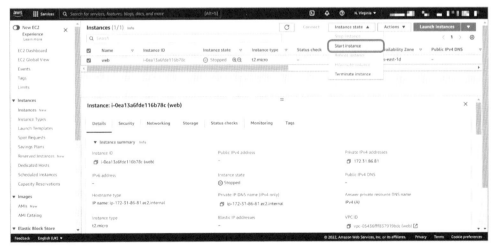

▲ 圖4-2（a）

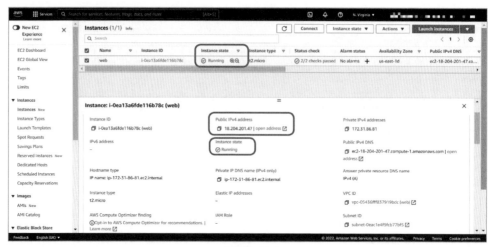

▲ 圖4-2（b）

● 賦予 Instance 一個 Elastic IP

步驟 **4-3**：請點選左半邊 Panel 的 Network & Security 選單中的 **Elastic IPs**，如圖 4-3。

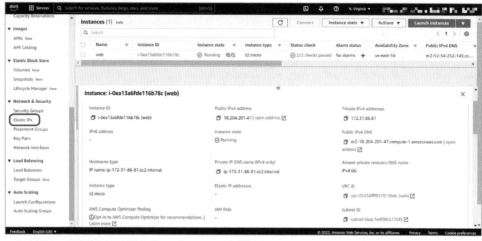

▲ 圖4-3

步驟 4-4：接著點選右上角的 **Allocate Elastic IP address** 以獲得一個 Elastic IP，如圖 4-4。

▲ 圖4-4

步驟 4-5：選擇 Network Border Group 的 region 須與標的 instance 同一 region，在本實作為 N.Virginia 為 **us-east-1**；Public IPv4 address pool 選擇 預設的 **Amazon's pool of Public IPv4 address**；其他不需更改並按右下方 的 **Allocate**，如圖 4-5（a）及圖 4-5（b）。之後系統 allocate 一個 Elastic IP，其 IP address 為 52.54.252.149，如圖 4-5（c）。

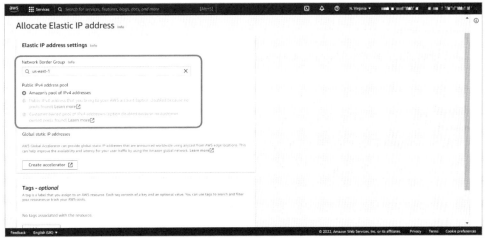

▲ 圖4-5（a）

▲ 圖4-5 （b）

▲ 圖4-5 （c）

步驟 4-6：勾選創建好 Elastic IP address，並在右上方的 Actions 選單選擇 Associate Elastic IP address，此 Elastic IP 後續將綁定 (associate) 到目標的 instance，如圖 4-6。

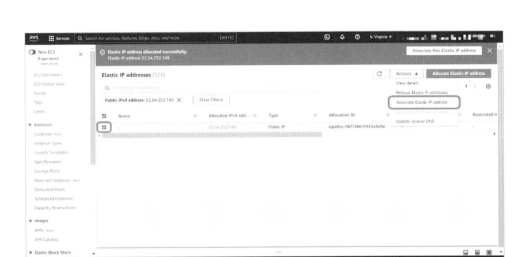

▲ 圖4-6

步驟 4-7：Resource type 選擇 **Instance**；Instance 欄位選擇步驟 4-1 所產生的 instance 的 id，本實作範例為 i-0ea13a6fde116b78c；Private IP address 點一下就會自動帶入，確認無誤後就可以點選右下方的 **Associate**，如圖 4-7（a）。

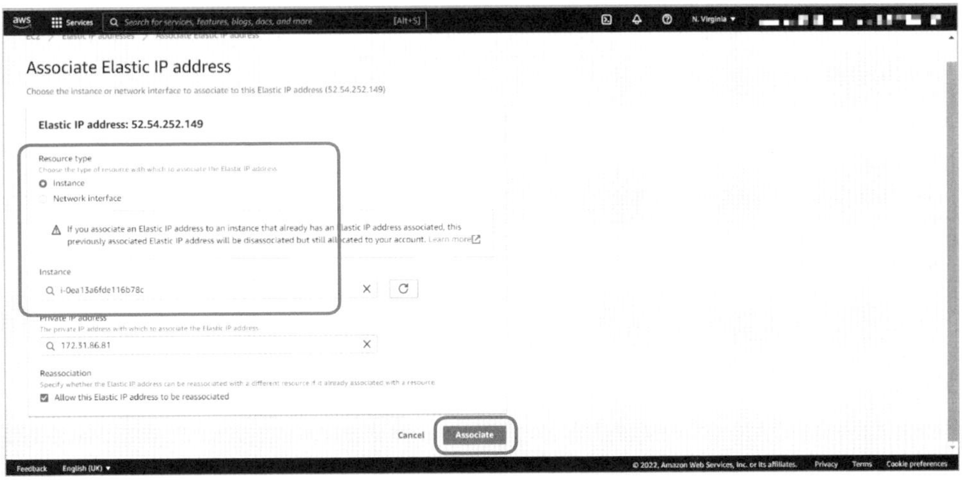

▲ 圖4-7（a）

之後觀察該 Elastic IP addresses，其第 5 個欄位的 Associated Instance
已有標的 instance 的 id 資訊；點擊 Allocated IPv4 address 欄位下方的
52.54.252.149，如圖 4-7（b）及圖 4-7（c），查看更多資訊。

▲ 圖4-7（b）

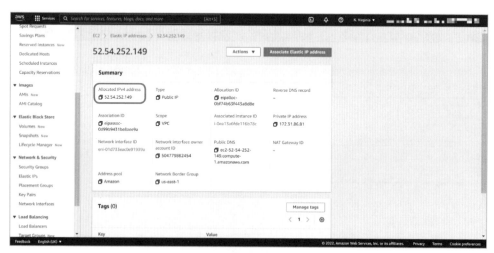

▲ 圖4-7（c）

● **Instance 擁有固定 IP 的驗證**

步驟 **4-8**：回到 Instance 介面，觀察 Public IPv4 address 為 52.54.252.149。
經 **Stop Instance** 後，其 Public IPv4 address：52.54.252.149 不變；接著再
Start Instance 後，其 Public IPv4 address 仍為 52.54.252.149，如圖 4-8。所
以不管 **Stop** 還是 **Start** 依舊是原本的 IP 沒有變化。

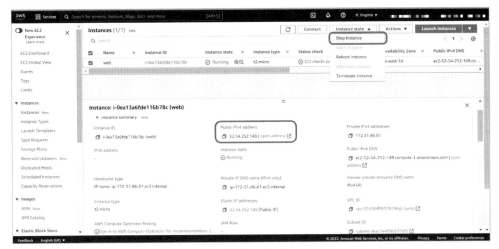

▲ 圖4-8（a）

▲ 圖4-8（b）

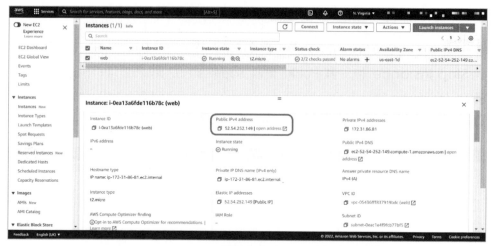

▲ 圖4-8（c）

● 在本實作您已啟動及使用 EC2 及 Elastic IP 相關資源，按雲端的使用付費（pay as you go），您須支付這資源使用費用。建議您隨時將雲端資源釋放，釋放的方式請參考本書的附錄 B。

§4-2　本章節的學習

● Elastic IP addresses[註1]：

Elastic IP address 是針對動態的雲計算環境所設計的 static IPv4 address，是可以由網際網路存取的 Public IPv4 address。每一 AWS account 預設在每個 Region 可分配到 5 個 Elastic IP addresses。透過 Elastic IP address 可以快速地將 IP 指向帳戶中的特定 instance；或者是將在網域中的 DNS 記錄指定 Elastic IP address，以便透過 DNS 記錄指向 Instance，有助於長期需要架設伺服器或網站的需求。Elastic IP address 僅適用於特定 region，無法移至不同 region 使用。

註1　資料參考 AWS 官方文件，https://docs.aws.amazon.com/AWSEC2/latest/UserGuide/elastic-ip-addresses-eip.html

● **instance 與 Elastic IP 的費用支付規則：**

如果 instance 處於 stop 狀態，則其綁定的 Elastic IP address 是要收費的，其收費若在 Region US East（N. Virginia），每小時是 0.005 美元，約台幣 0.14 元，一天則約台幣 3.36 元，一個月則約台幣 100 元，如表 4-1。

▼ 表4-1 [註2]

N.Virinia	$0.005 /hour on a pro rata basis

如果 instance 處於 running 狀態，則其綁定的 Elastic IP address 是免費的。

註 2　資料參考 AWS 官方文件，https://aws.amazon.com/ec2/pricing/on-demand/?nc1=h_ls

第五章

AWS 雲端儲存範例 -
使用 S3

S3（Amazon Simple Storage Service）是 AWS 的儲存服務，你可以透過它將檔案放在雲端。檔案在 S3 稱為 object，而 bucket 則是可以容納許多 objects 的儲存空間；一個 Amazon S3 object 最大可達 5 TB [註5]，每一個 bucket 可以放入各種 object；每一 個帳號預設可以建立 100 個 bucket，透過 URL（支援 http 跟 https）就可存取在 bucket 裡的 object。另外，透過 ACLs（access control lists）可以控制它在雲端被存取的權限。當你創建一個 bucket，AWS 會根據你所在的 region 將檔案各別存放在三個不同的 Availability Zone (AZ) [註1]，以確保當某一個 AZ 的 data center 遭到毀壞時，還有其他 AZ 的資料備份。

S3 雖是 AWS 的基礎服務，但是運用相當廣泛，本書的第十章 (討論 Lambda) 及第十一章 (討論 CloudFront) 的實作皆依托於 S3。而本章節的實作則是使用 S3 服務來儲存一個 image，並透過 URL 來瀏覽。

§5-1 Upload 一張 image 到 S3 並以 Object URL 瀏覽該 image

● 在 S3 建立 bucket

步驟 5-1：透過瀏覽器連線至 https://aws.amazon.com/tw/ ，利用在 AWS 註冊的帳號**登入主控台**，即所謂的 AWS Management Console，如圖 5-1（a）。

註 1　資料參考 AWS 官方文件．https://aws.amazon.com/tw/s3/faqs/

▲ 圖5-1（a）

AWS Management Console 環境請務必使用英文，語言選項位於頁面左下角，點開請選擇 **English（US）**或 **English（UK）**。

接下來展開 **All services**，進入 AWS Management Console 的 Service Categories 服務分類，選擇 **S3** 服務，如圖 5-1（b）；亦可透過頁面左上角 **Services** 或搜尋的方式，找到實作所要使用的 S3 服務。

★ **觀察 1** S3 在眾多 AWS 服務分類中屬於哪一服務分類？ 在此服務分類，我們還常使用哪些服務？

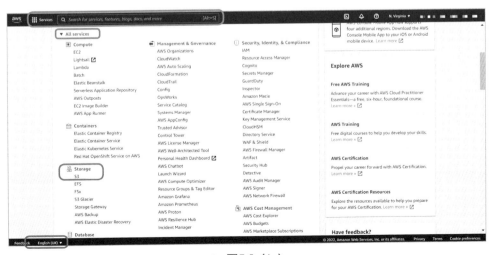

▲ 圖5-1（b）

步驟 5-2：在 S3 介面點選 **Create bucket**，創建一個 bucket，如圖 5-2。

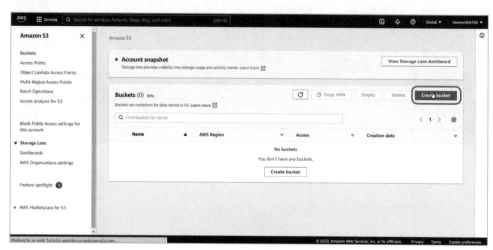

▲ 圖5-2

步驟 5-3：在 Bucket Name 欄位輸入 image009，請注意！必須是 AWS standard regions 內沒註冊過的，如圖 5-3。

★ 觀察 2 bucket name 為何須是 standard regions 內沒註冊過的名字？

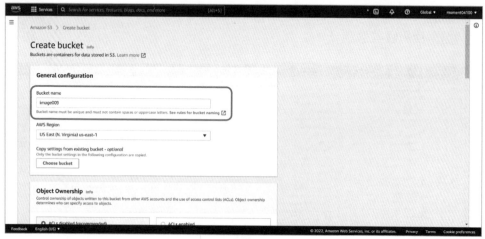

▲ 圖5-3

步驟 **5-4**：請將 Object Ownership 選項改為的 **ACLs enabled**，以利後續編輯 Public Access 的權限，如圖 5-4。

★ 觀察 3 bucket 的建置過程，為何要 ACLs enabled？

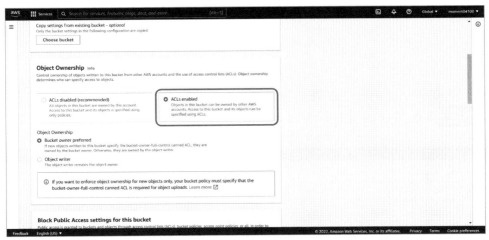

▲ 圖5-4

步驟 **5-5**：請將 Block Public Access settings for this bucket 下的 **Block all public access** 勾選取消，如圖 5-5（a），但這麼做會有 object 被存取的風險，AWS 會再次進行確認，如圖 5-5（b）。

★ 觀察 4 為何 Block all public access 勾選需要取消？

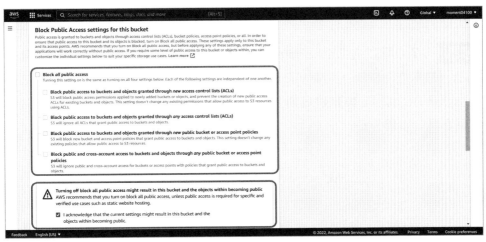

▲ 圖5-5（a）

objects.

> ⚠ **Turning off block all public access might result in this bucket and the objects within becoming public**
> AWS recommends that you turn on block all public access, unless public access is required for specific and verified use cases such as static website hosting.
>
> ☑ I acknowledge that the current settings might result in this bucket and the objects within becoming public.

▲ 圖5-5（b）

步驟 5-6：完成以上的設定後，點選 **Create bucket**，如圖 5-6。

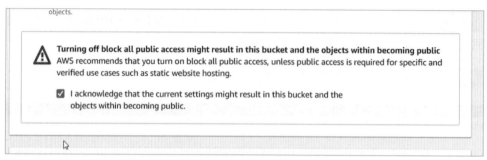

▲ 圖5-6

步驟 5-7：可以在 Dashboard 看見創建好的 bucket。從這裡可以看見 bucket 被放在 US East（N. Virginia） us-east-1 這 region，存取權限為 Objects can be public 與創建日期。點選頁面中 **image009**，以查閱此 bucket 相關資料，如圖 5-7。

▲ 圖5-7

● 上傳檔案並透過 URL 存取檔案

步驟 5-8：點選上圖 5-7 的 **image009** 以進入此 bucket，之後點選頁面的 Upload 以上傳檔案，如圖 5-8。

▲ 圖5-8

步驟 5-9：點選 **Add files** 以上傳 image 檔，如圖 5-9。

★ **觀察 5** S3 可以儲存的檔案種類有哪些？

▲ 圖5-9

步驟 5-10：選擇要上傳的 image 檔後，點選**開啟**，如圖 5-10。

▲ 圖5-10

步驟 **5-11**：按下頁面右下方 **Upload** 來上傳，如圖 5-11。

▲ 圖5-11

步驟 **5-12**：Upload succeeded 上傳成功，點擊 **sample.jpg** 以設定此 object，如圖 5-12。

▲ 圖5-12

步驟 5-13：點選圖 5-13（a）頁面右下方 **Object URL** 來瀏覽該 image，但 image 因 AccessDenied 而未能顯現，如圖 5-13（b），所以必須修改 ACL 的設定。

▲ 圖5-13（a）

▲ 圖5-13（b）

步驟 5-14：回到圖 5-13(a) 的 Object overview，點選 **Permissions**，接著點選 **Edit** 來編輯此 image 的 Access control list（ACL），如圖 5-14。

★ 觀察 6 為何要設定 object 的 ACL ？

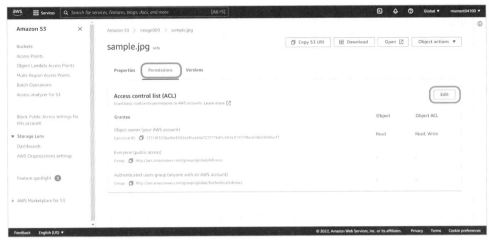

▲ 圖5-14

步驟 5-15：勾選 Everyone（public access）的 Objects 及 Object ACL 選項 **Read** 權限，如圖 5-15。

▲ 圖5-15

步驟 5-16：接續步驟 5-15，AWS 出現警示確認是否要開啟上述的存取權限，請勾選 I understand the effects of these changes on this object 並按下 Save change，如圖 5-16。

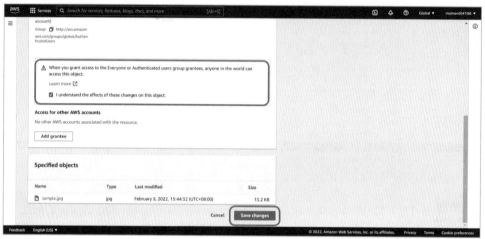

▲ 圖5-16

步驟 5-17：再次依圖 5-13(a) 的 **Object URL** 瀏覽此 image，此時便能看見 image 了，如圖 5-17。

▲ 圖5-17

● 在本實作您已啟動及使 S3 相關資源，按雲端的使用付費（pay as you go）您須支付這資源使用費用。建議您隨時將雲端資源釋放，釋放的方式請參考本書的附錄 C。

§5-2 本章節的學習

● 上述觀察的學習

★ 觀察 1 請問 S3 在眾多 AWS 服務分類中屬於哪一服務分類？ 在此服務分類，我們還常使用哪些服務？

S3 在 AWS 的服務中是分屬於 Storage 分類；在 Storage 服務分類項下，EFS、S3、S3 Glacier…等諸多服務都是常用的服務。

★ 觀察 2 bucket name 為何須是 standard regions 內沒註冊過的名字？

這與 S3 的 Object URL 有很大的關係，以本章節實作 Object URL 為例，https://image009.s3.amazonaws.com/sample.jpg 中的 image009 必須是在所屬的 Partition 內的所有 standard regions 沒有重複過的 bucket 名稱，才不會造成衝突。一群 region 組成一個 Partition，AWS 共分成 3 個 Partition: aws(Standard Regions), aws-cn (China Regions) 與 aws-us-gov (AWS Gov-Cloud [US] Regions)[註2]。而 s3.amazonaws.com 意指此 bucket 所屬的 Partition 是 aws(Standard Region)， sample.jpg 則是 object 名稱。

★ 觀察 3 bucket 的建置過程，為何要 ACLs enabled ？

ACLs enabled 才可以進一步設定 bucket 及 objects 被存取的權限。

★ 觀察 4 為何 Block all public access 的勾選需要取消？

因為此設定會封鎖 S3 bucket 被外界透過 URL 來存取 bucket 裡的 object，與本實作所要達到的目的不一致，因此要把此設定的勾選取消。

★ 觀察 5 S3 可以儲存的檔案種類有哪些？

S3 可以存放任何檔案格式的資料，但在 S3 bucket 裡的檔案就稱為 object。

註2 資料參考 AWS 官方文件，
https://docs.aws.amazon.com/AmazonS3/latest/userguide/bucketnamingrules.html

★ 觀察 6 為何要設定 object 的 ACL？

ACL 是一個管理 object 與 bucket 的存取工具。以本實作為例，開啟 every-one (public access) 的 read 權限，外部網路就可以 access 某一 bucket 裡的 object。

● AWS 的儲存架構

AWS 的儲存架構可以簡單的區分為 EBS（Elastic Block Store）, S3（Amazon Simple Storage Service）, Glacier。

1. EBS (Elastic Block Store)

第三章在建置一個 instance 的過程中，有一步驟（步驟 3-6、圖 3-6）是可以增加該 instance 的 storage volume，如圖 5-18；其 Volume Type 可為 General Purpose SSD, Provisioned IOPS SSD, Magnetic。此時 EBS 是作為 instance 的 storage volume，兩者的關係如圖 5-19。

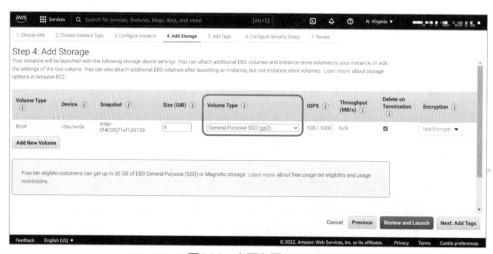

▲ 圖5-18 本圖與圖3-6一致

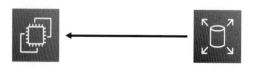

Amazon EC2   Amazon EBS

▲ 圖5-19 AWS EBS與EC2 instance的關係。本圖自行繪製

2. S3

請參看本章節的討論。

3. AWS Glacier

是一個比 S3 存取速度更慢的一種儲存服務。S3 Glacier 通常存放較不常用到的檔案，比如一年只會存取 1~2 次的那種大型檔案。由於不常存取、價格低廉，其讀取的速度也就沒有 S3 來得快速即時，一般需要幾分鐘的時間。以下是 S3 與 S3 Glacier 的存取速度以及價格。

以美國東部 Ohio region 為範例，如表 5-2。

▼ 表5-2 自行整理 [註3]

	S3	Glacier
存取頻率及方式	通常用於經常存取的資料，每個文件都是一個 object，並且可以經由網際網路透過 URL 存取。	適用於非經常性存取的 cold storage。
Average Latency	ms	minutes/hours
定價	第一個 50TB ／月，每 GB 0.023 USD；下一個 450TB ／月，每 GB 0.022 USD；高於 500TB ／月，每 GB 0.021 USD	每 GB 0.0036 USD ／月
每個 object 最大 size	5TB	40TB

註3　資料參考 AWS 官方文件，https://aws.amazon.com/tw/s3/pricing/ 以及 AWS Academy Cloud Foundations Module 7

第六章

AWS 的資訊安全範例 - IAM

在一個資訊系統裡，身分的認證乃至系統資源取用權限，都是系統資訊安全不可或缺的一環，這問題在雲端系統裡尤為重要。雲端的好處是按使用計費（pay as you go），但其資源若無適當的管制，很可能被濫用而不自知，原本可以節約系統經費的好架構，反成浪費的缺口。因此，雲端系統管理者都要很謹慎的評估個別專案所需的資源，配予對應的存取權限，以使恰當的系統資源完成專案開發。AWS 提供 IAM（Identity and Access Management）的服務來對應這樣的需求，在前三章的範例服務發展過程，都能看到 IAM Role 這樣的項目。IAM 服務是不需要收費。

本章節將以 IAM 作為 AWS 管理各個子帳號的工具。透過建立不同 user 權限以分別個專案的資源使用權限。相同專案的 users 可以組成一個 User Group 來共同指定特定服務或系統資源的存取權限。本次實作創立三個 users，其中的 user-1、user-2 組成 User Group，擁有讀取 EC2 與 S3 的權限，如下圖；當 user-1 想要使用 RDS 服務時，由於其權限不夠，因此沒辦法使用 RDS 服務。

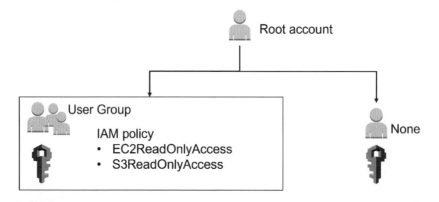

§6-1 在 AWS 上使用 IAM

● 新增 3 個 IAM users

步驟 6-1：透過瀏覽器連線至 https://aws.amazon.com/tw/ ，利用在 AWS 註冊的帳號**登入主控台**，即所謂的 AWS Management Console，如圖6-1（a）。

▲ 圖6-1（a）

AWS Management Console 環境請務必使用英文，語言選項位於頁面左下角，點開並選擇 English（US）或 English（UK）。

接下來展開 **All services**，進入 AWS Management Console 的 Service Categories 服務分類，如圖 6-1（b）。

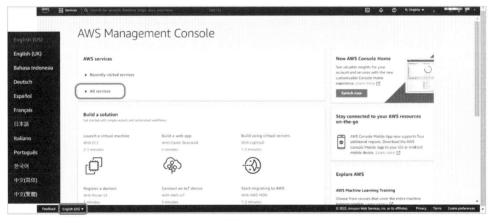

▲ 圖6-1（b）

點選 **IAM** 的服務，如圖 6-1（c）；亦可透過頁面左上角 **Services** 或搜尋的方式找到實作所要使用的 IAM 服務。

★ 觀察 1 IAM 在眾多 AWS 服務分類中屬於哪一服務分類？在此服務分類，我們還常使用哪些服務？

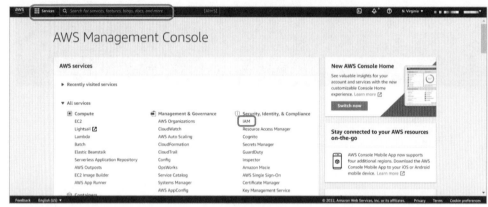

▲ 圖6-1（c）

步驟 6-2：進到 IAM dashboard，如圖 6-2。

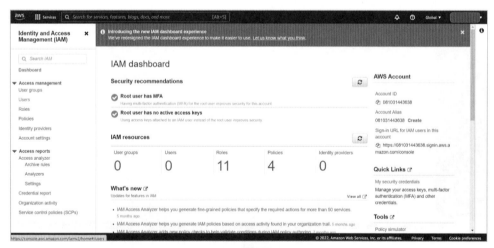

▲ 圖6-2

步驟 6-3：展開頁面左側 Access management 選單，點選 Users，如圖 6-3。

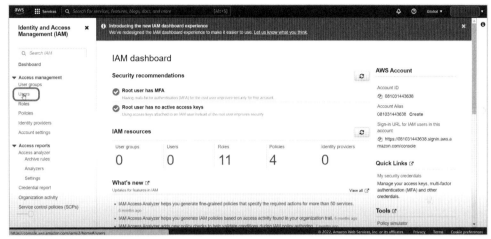

▲ 圖6-3

步驟 6-4：點選頁面右上角 Add users，如圖 6-4。

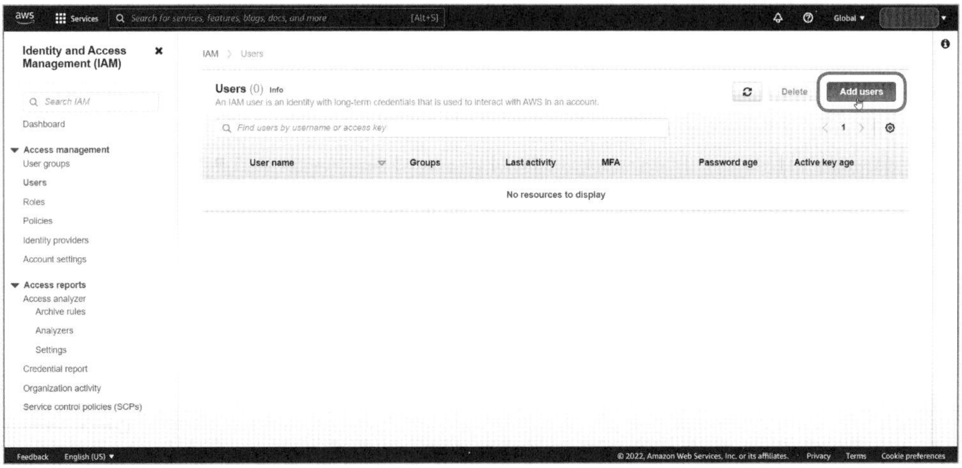

▲ 圖6-4

步驟 **6-5**：進入 Add user 頁面，接下來我們要來設定 user 的一些項目，首先在 User name 的欄位中輸入 user-1，在 Select AWS credential type 中選擇使用 **Password-AWS management Console access**，Console password 項目我們使用 **Autogenerated password**，而 Require password reset 則勾選 **User must create a new password at next sign-in**，以上都是預設值，接著點選 **Next Permissions** 如圖 6-5（a）。

▲ 圖6-5（a）

Set permissions 的頁面，依據要授予 user-1 的 IAM user 可使用哪些 AWS 服務的權限，在此點選 **Attach existing policies directory**，在 Filter policies 欄位中，輸入 IAM 後，指定 **IAMUserChangePassword**，接著再點選 **Next：Tags**，如圖 6-5（b）。

▲ 圖6-5（b）

Add tags（optional）這個是非必要的選項，在此指定 1 組 tag 來作為辨識，在 Key 欄位為 Dep，其 Value 為 ITM，接著點選 **Next: Review**，如圖 6-5（c）。

▲ 圖6-5（c）

重新檢查上述操作所作的設定，確認無誤後，點選 **Create user**，如圖 6-5（d）。

▲ 圖6-5（d）

看到圖 6-5（e）這個畫面出現 Success 訊息，就代表 IAM User 建立成功。接著點選頁面左上角 **Download .csv** 下載該 IAM User 的帳戶連線資訊，如圖 6-5（e）、圖 6-5（f），圖 6-5（g）為下載好的帳號與密碼資訊。

▲ 圖6-5（e）

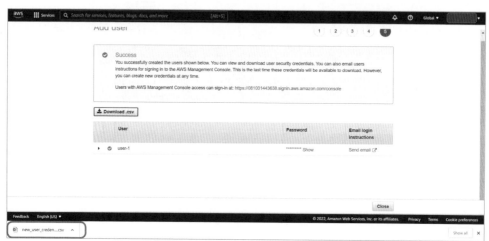

▲ 圖6-5（f）

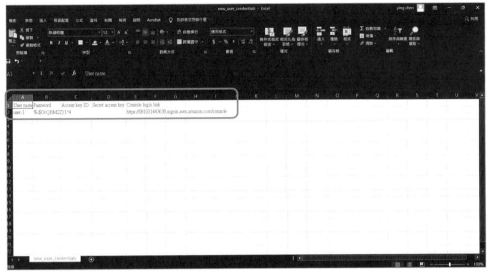

▲ 圖6-5（g）

最後點選 **Close** 關閉此頁面，回到 IAM dashboard，如圖 6-5（h）。

▲ 圖6-5（h）

依循上述步驟 6-4 至步驟 6-5，接續新增了 2 筆 IAM User 分別是 user-2 及
user-3。

● 建構 User Group 並賦予 permission

步驟 6-6：本實作係透過 User groups 將 IAM User 的服務授權群組化。點選頁面左側選單中的 **User groups**，再點選頁面右上角 **Create group**，如圖 6-6（a）。

▲ 圖6-6（a）

在 User group name 欄位中輸入 echo，如圖 6-6（b）。

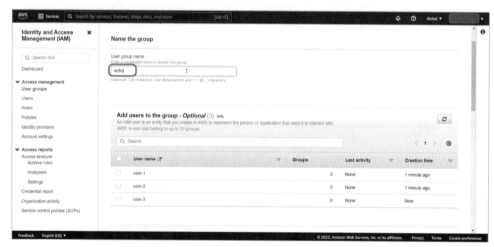

▲ 圖6-6（b）

接著在 Attach permissions policies-Optional 中，搜尋 EC2 服務權限後，按下 **Enter**，如圖 6-6（c）。

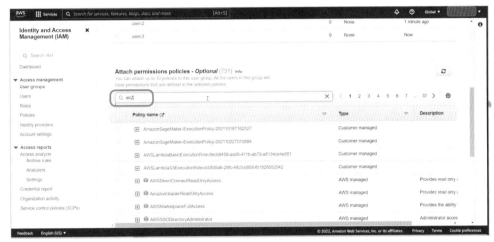

▲ 圖6-6（c）

接著再勾選 **AmazonEC2ReadOnlyAccess**，表示授予只能讀取 EC2 服務的權限，如圖 6-6（d）。

★ **觀察 2** 如何自訂 policy? 其描述方式是採用怎樣的資料結構？

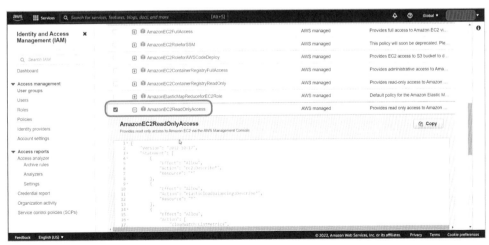

▲ 圖6-6（d）

接著在 Attach permissions policies-Optional 中，搜尋 S3 服務權限後，按下 **Enter**，接著再勾選 **AmazonS3ReadOnlyAccess**，表示授予只能讀取 S3 服務的權限，如圖 6-6（e）。

▲ 圖6-6（e）

最後點選 **Create group**。

▲ 圖6-6（f）

- **IAM User user-1 及 user-2 加入 User group echo 以賦予 user-1 及 user-2 的 permission**

步驟 6-7：接下來我們將在 echo 這個 user group 中，加入 IAM User 分別為 user-1 及 user-2，點選 **echo**，如圖 6-7（a）。

▲ 圖6-7（a）

檢視 echo 這個 User group 的 Permissions，如圖 6-7（b）。

▲ 圖6-7（b）

第六章 AWS 的資訊安全範例 - IAM

接著點選頁面中的 **Users**，再點選頁面中的 **Add users**，如圖 6-7（e）。

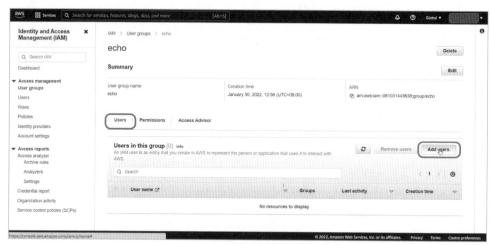

▲ 圖6-7（e）

接著勾選 **user-1** 及 **user-2**，再點選 **Add users** 加入，如圖 6-7（f）。

▲ 圖6-7（f）

接續上述操作，在 Users in this group 頁面，即可看到 user-1 及 user-2 已加入群組中，如圖 6-7（g）。

▲ 圖6-7（g）

步驟 6-8：點選 **user-1**，再接著展開 **Show 2 more**，檢視其被授予的 Attached from group 權限，如圖 6-8（a）。

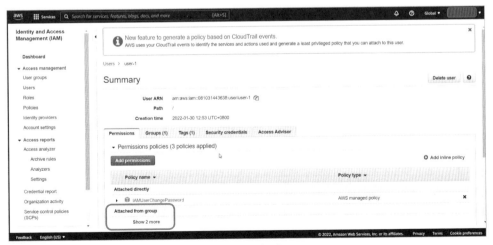

▲ 圖6-8（a）

可以看到 user-1 被授予 AmazonEC2ReadOnlyAccess 及 AmazonS3ReadOn-lyAccess 兩組服務權限，均是由 echo 這個 User group 所賦予，如圖6-8（b）。

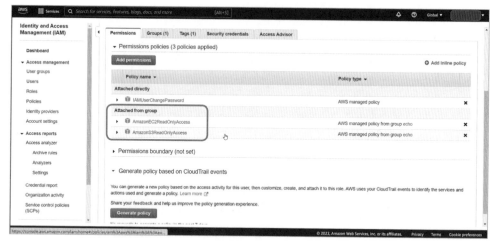

▲ 圖6-8（b）

● IAM User user-1 的 permission 測試

步驟 6-9：接續步驟 6-5 所下載的 user 連線登入資訊，如圖 6-5（e）（f）。我們將利用檔案中的資訊內容中登入 AWS Management Console，切記此檔案內容為範例資訊，正確資訊請依您所下載的資訊為主，如圖 6-9。

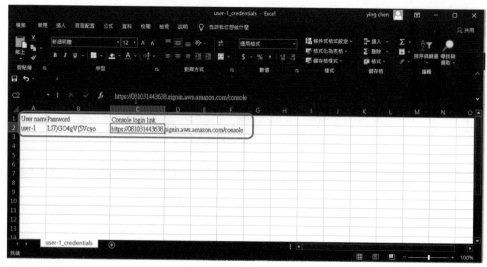

▲ 圖6-9

步驟 6-10：使用圖 6-9 中 Console login link 網址，可透過瀏覽器來連線。此時 Sign in 中的選項會是 **IAM user** 的 user-1 而非 Root user ，並且在 Account ID 的欄位中帶入您的 12 碼 AWS account，接著點選 **Next**，如圖 6-10（a）。

▲ 圖6-10（a）

在 IAM user name 欄位及 Password 欄位中，輸入圖 6-9 的 User name 資訊及 Password 的資訊，點選 **Sign in**，如圖 6-10（b）。

▲ 圖6-10（b）

步驟 **6-11**：請在頁面右上角展開並檢視自己的 AWS account ID 與 IAM user。

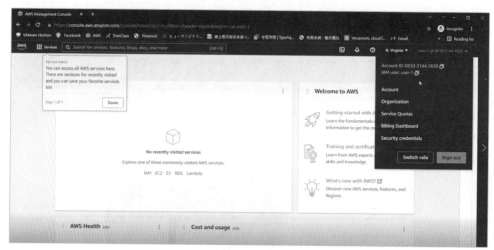

▲ 圖6-11

步驟 **6-12**：接著測試看看是否能夠使用未於步驟 6-6 中 IAM user group permissions 設定的 AWS 服務？以 RDS 服務為例，點頁面左上角 **Services** 服務類別，選擇 **Database** 類別，再點選 **RDS** 服務，如圖 6-12。

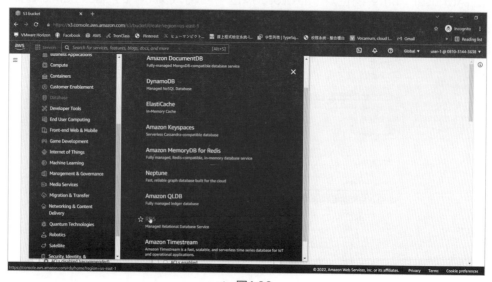

▲ 圖6-12

步驟 6-13：進到 RDS 的 dashboard 時，即出現紅色錯誤的訊息 Error loading resource，説明你無此權限使用 RDS 服務，如圖 6-13。在此驗證 user-1 未被賦予 RDS 的存取權限，當然會被拒絕。但若 user-1 是要存取 EC2 及 S3 的 Read 權限，應該就沒問題，讀者可以自行驗證看看！

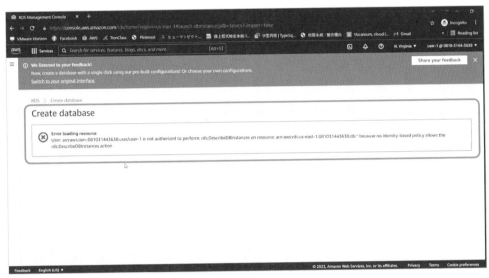

▲ 圖6-13

● 在本實作您已啟動及使用 IAM 相關設定。建議您隨時將此設定刪除，刪除的方式請參考本書的附錄 D。

§6-2 本章節的學習

● **上述觀察的學習**

★ 觀察 1 IAM 在眾多 AWS 服務分類中屬於哪一服務分類？在此服務分類，我們還常使用哪些服務？

IAM 是屬於 Security & Identity, Compliance 服務分類，此服務分類經常使用的還有： CloudHSM, Cognito, Detective, Directory Service, GuardDuty, Inspector, Key Management Service, AWS Single Sign-On, WAF & Shield。

★ 觀察 2 如何自訂 policy? 其描述方式是採用怎樣的資料結構？

經由步驟6-6，如圖6-6（d）-（e），我們可以觀察到Policy是採用json的格式，分成 Effect、Action 及 Resource 等三個主要元素。

▲ 此圖引用圖6-6（d）

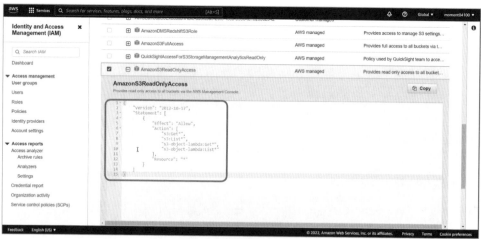

▲ 此圖引用圖6-6（e）

其中 Effect 的有效值為 Allow 及 Deny；Action 主要描述允許的特定動作；Resource 可以指定涵蓋的一個或多個資源。IAM JSON policy 更進一步的學習可參考 IAM JSON policy elements[註1]。

在此以 AmazonS3ReadOnlyAccess 範例如下圖來說明：Effect 狀態是 Allow，允許執行對 S3 服務任何 Get、List 的動作；而 S3-object-lambda 是允許使用 AWS Lambda functions 自動處理 S3 GET 的請求。

```
{
    "Version": "2012-10-17",
    "Statement": [
        {
            "Effect": "Allow",
            "Action": [
                "s3:Get*",
                "s3:List*",
                "s3-object-lambda:Get*",
                "s3-object-lambda:List*"
            ],
            "Resource": "*"
        }
    ]
}
```

● Root account 的 credential 的處理 [註2]

Root account 擁有完整存取帳戶中所有 AWS 服務與資源，包含賬單等。依據 AWS 官方文件建議，不要使用 Root account 處理日常或管理作業，應建立 1 個 IAM user 來代替 Root account 的日常作業，並透過 create, rotate, disable, or delete access keys 鎖定 Root account 的 credentials，來提高 AWS Account 的安全性。

註1　資料參考 AWS 官方文件，https://docs.aws.amazon.com/zh_tw/IAM/latest/UserGuide/reference_policies_elements.html

註2　資料參考 AWS 官方文件，https://docs.aws.amazon.com/IAM/latest/UserGuide/id_root-user.html

● **討論 IAM 跟 Role 的關係**

IAM 是 AWS 用來管理使用者的權限等級，當使用者通過身分驗証後即可存取 AWS 服務資源；Role 是一種機制，用於授予使用 AWS 服務的臨時權限，例如使用者可以透過 role 來使用通常不可用的 AWS 服務。類似於 Linux 操作系統中的 sudo 命令，該命令可以讓使用者執行他們通常無法使用的管理功能[註3]。

Role 是臨時授予資源使用權限的一種方式，並且只允許特定的使用者或應用程序使用資源。Role 也可以允許將 AWS 服務資源的存取權委派給不同的 AWS account，即一個 AWS account 的使用者存取另一個 AWS Account 中的資源[註4]。

本書各實作過程所採用的 Role 整理如表 6-1，讀者可在實作過程多加留意。

▼ 表6-1

章節	步驟	Role
第三章	步驟 3-5	None
第十章	步驟 10-5	RecognizeObjectLambdaRole
第十二章	步驟 12-7	RolesforSagemaker
第十三章	步驟 13-2-4	OrganizationAccountAccessRole

註3　資料參考 AWS Academy Cloud Foundations。

註4　資料參考 AWS 官方文件，https://docs.aws.amazon.com/zh_tw/IAM/latest/UserGuide/tutorial_cross-account-with-roles.html

第七章

AWS 的 PaaS 範例 - 使用 Elastic Beanstalk

第三章的網站架構及建置流程是：先透過雲計算平台 EC2 服務取得一部 instance，之後再經一連串的安裝及啟動程序，使這部 instance 成為一個 LAMP（Linux、 Apache、MySQL、PHP） server，最後編寫了 HTML docu-ment 以完成這簡易網站的建置。這架構及流程與一般網站建置無異，只不過 server 機器是在 AWS 雲端而已。

在第一章談到雲計算平台提供的服務概可分為 IaaS（Infrastructure as a Ser-vice）、PaaS（Platform as a Service）、SaaS（Software as a Service）。第三章的網站建置流程，類似是 IaaS 模式。若一個雲計算平台僅提供 IaaS 服務，那麼十多年前成熟的網路機房產業，已足敷需求，能提供此服務的業者也成百上千。然而現在的雲計算平台不只是過往網路機房的延伸，它更能提供服務開發的 platform，以利應用服務開發人員能專注心力在應用服務開發，而非架設資訊系統環境。因此，當今重要的雲計算平台皆強調 PaaS 服務的提供，AWS 如此，GCP、 Azure 亦如此。

本章節將以 AWS Elastic Beanstalk 服務快速建立一網站，請讀者比較與第三章以 EC2 instance 建構網站的差別：在 Elastic Beanstalk 只要指定網站的執行環境即可，並不需如第三章的繁瑣流程。如此，應用服務開發人員只需專注在應用服務開發即可。

§7-1 透過 Elastic Beanstalk 建構簡易網站

本實作利用 Elastic Beanstalk 自行創建網站及網站環境，這個部分程序相較於從 EC2 創建程序少，也相較簡單。所以進行本實作時，請讀者觀察哪些步驟 Elastic Beanstalk 已經幫您創建完成了、創建時間需要花多少時間、思考 Elastic Beanstalk 可以怎樣的運用。接續就進到實作步驟吧。

● 設定 Application 的執行環境

步驟 7-1：透過瀏覽器連線至 https://aws.amazon.com/tw/，利用在 AWS 註冊的帳號**登入主控台**，即所謂的 AWS Management Console，如圖 7-1（a）。

▲ 圖7-1（a）

AWS Management Console 環境請務必使用英文，語言選項位於頁面左下角，點開請選擇 English（US）或 English（UK）。

接下來展開 **All services**，進入 AWS Management Console 的 Service Categories 服務分類，如圖 7-1（b）。

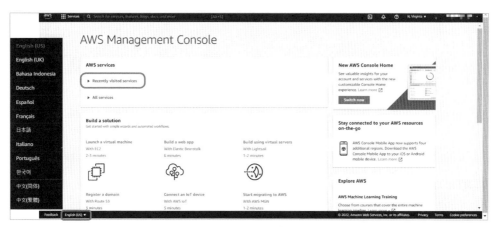

▲ 圖7-1（b）

點選 **Elastic Beanstalk**，如圖 7-1（c）；亦可透過頁面左上角 **Services** 或搜尋的方式，找到實作所要使用的 Elastic Beanstalk 服務。

★ **觀察 1** Elastic Beanstalk 在眾多 AWS 服務分類中屬於哪一服務分類？ 在此服務分類，我們還常使用哪些服務？

★ **觀察 2** 本實作的 region 為何盡量選擇未建過 Elastic IP 的地區？

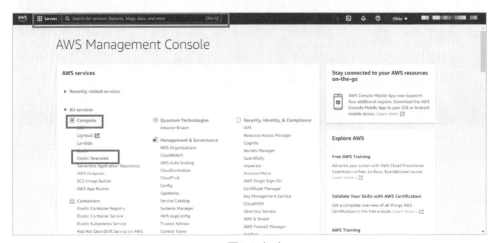

▲ 圖7-1（c）

步驟 7-2：在圖 7-2 頁面點選 **Create Application**。

▲ 圖7-2

步驟 **7-3**：本章節實作是要用 PHP 創建網站，所以接著在 Application information 項目中的 Application name 欄位輸入名稱為 index_php_demo，如圖 7-3。

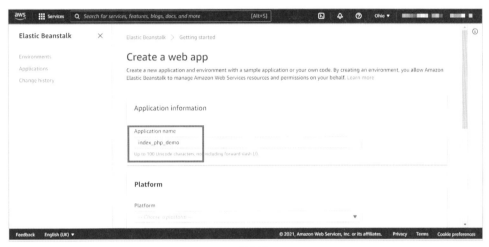

▲ 圖7-3

步驟 **7-4**：接續設定相關的項目。首先是平台程式語言方面：上一個步驟提到本實作使用 PHP，所以當設定 **PHP**；由於每一種語言都有很多版本，PHP 也不例外，所以在 Platform branch 選擇 **3.3.8（Recommended）**版本；另外，Platform version 選定 **PHP 7.4 在 64 位元的 Amazon Linux 2** 上運作。由於本實作是採用將 code upload 的方式，Application code 下選擇 **Upload your code**，如圖 7-4。

▲ 圖7-4

● 將 PHP 程式 upload 到 Application 的執行環境

步驟 7-5：完 成 步 驟 7-4 的 Application code 下 選 擇 **Upload your code**，之後出現 Source code origin，這個部分是可以把自己做的 PHP 內容上傳到平台上，如圖 7-5。

▲ 圖7-5

步驟 7-6：在此假定您的 PHP 尚未建構好。開始輸入程式碼前，如圖 7-6（a），要先開啟記事本編輯以下程式碼，如圖 7-6（b），此範例為基礎最簡單的 PHP 網站上顯示輸出 Hello From Your Web Server! ，而 < ？ php... ？> 就是 PHP 的主要語法，echo 語法表示在螢幕上輸出的內容，" " 為字串，而 <body> ~</body> 標籤作用上是當作一個容器，用來呈現網頁的主要內容，<h1>~</h1> 就是呈現的字體大小。

```
<body>
    <?php
    echo"<h1>Hello From Your Web Server!</h1>";
    ?>
</body>
```

（H1 的標準字體最大，H6 標準字體則最小）

▲ 圖7-6（a）程式碼

▲ 圖7-6（b）

輸入完成後請檢查程式碼的正確性，檢查完就進行檔案的儲存。為了避免檔案儲存的位置不知道在哪裡，請點選**檔案**下並選擇**另存為 ...** 的方式儲存，如圖 7-6（c）。

▲ 圖7-6（c）

接下來將檔案儲存為 PHP 檔，其副檔名為 .php，在檔案名稱中輸入 index.
php，存檔類型要選擇**所有檔案**，如圖 7-6（d），因為如果沒選所有檔案，
預設會是記事本的檔案類型，副檔名為 .txt，也就是檔名為 index.php 加上副
檔名 .txt，點選**存檔**。所以要記得底下三個重點：

檔案名稱 index.php、存檔類型為所有檔案、存檔。

▲ 圖7-6（d）

在檔案總管的類型中，確定檔案為 PHP 檔案後，再將其另存為一個名為 in-dex.zip 的壓縮檔案，如圖 7-6（e）。

▲ 圖7-6（e）

步驟 7-7：接續步驟 7-5 的圖 7-5，把步驟 7-6 的 zip 壓縮檔上傳，選擇 Local file，並按下 Choose file 的按鈕，如圖 7-7。

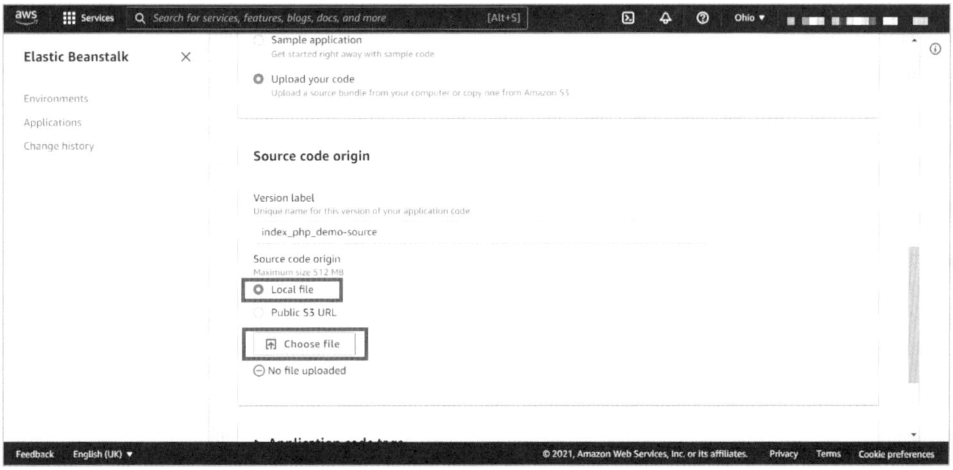

▲ 圖7-7

步驟 **7-8**：載入步驟 7-6 建好的檔案 index.zip，並按下**開啟**，如圖 7-8。

▲ 圖7-8

步驟 **7-9**：觀察是否 File successfully uploaded，如圖 7-9。如沒載入成功是不是檔案太大還是其他原因呢？

▲ 圖7-9

步驟 **7-10**：按下 Create application，如圖 7-10。

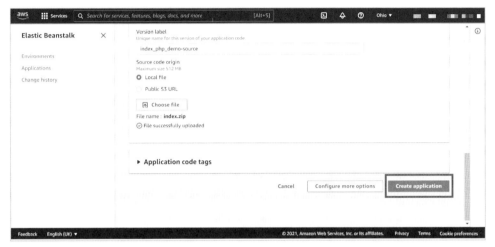

▲ 圖7-10

● 執行環境的建置及 Application 執行

步驟 **7-11**：當設定好圖 7-10 的 Application 後，接續圖 7-11 設定相關的 Configuration。以下項目皆不需做調整，使用預設的設定就好：像是 Single instance 就好；Platform 已經在之前做過設定；Software 不需做更改；Notifications 都不需做更改，如圖 7-11。

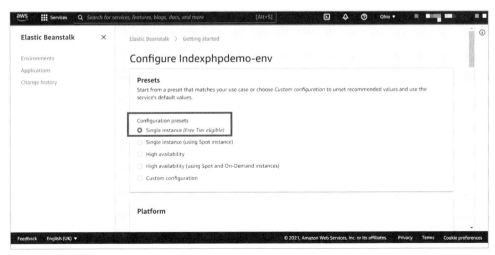

▲ 圖7-11（a）

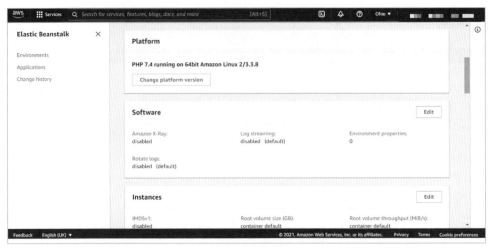

▲ 圖7-11（b）

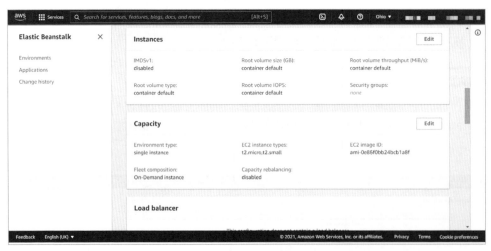

▲ 圖7-11（c）

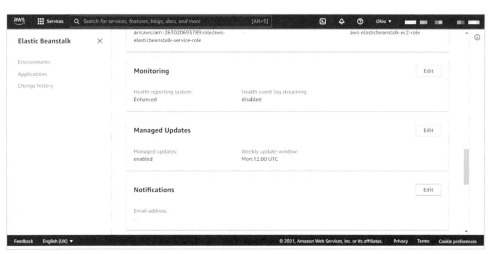

▲ 圖7-11（d）

▲ 圖7-11（e）

步驟 **7-12**：到了 Network 項目就需要設定了。因為任何一個網站最重要的就是如何利用網路連上網站，所以在 Network 右邊點下 **Edit**，如圖 7-12。

▲ 圖7-12

步驟 **7-13**：在每個 AWS 區域中都有預設的 VPC （default VPC），故不需調整，如圖 7-13（a）。

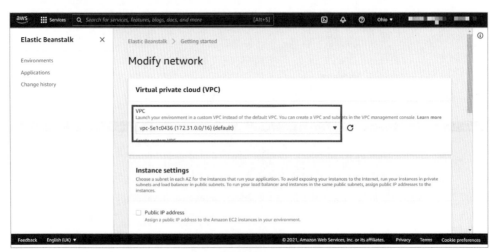

▲ 圖7-13（a）

而網站服務就是希望任何人都可以連進來觀看自己做的網頁，所以在 Instance subnets 項目中勾選 **Public IP address**，並在 Availability Zone 勾選 **us-east-2a**，如圖 7-13（b）。

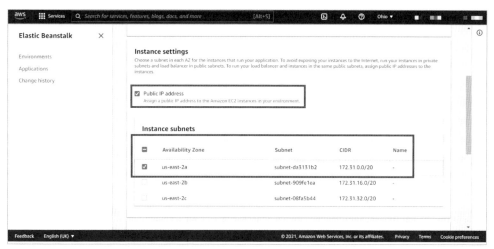

▲ 圖7-13（b）

最重要的部分就是關於 Database 存放的 Subnet 及其所在的 Availability Zone，本實作我們勾選 **us-east-2b**、**us-east-2c**，最後點選 **Save**，如圖 7-13（c）。為什麼不選一個就好呢？因為把 database 只存在一份風險比較高，因此選兩個地方存放可以降低 database 遺失風險。

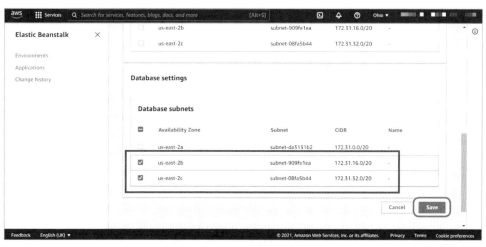

▲ 圖7-13（c）

步驟 7-14：上述步驟設定好後，就可以創建 app 了。按下 **Create app**，如圖 7-14。

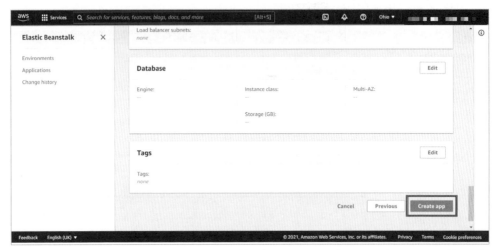

▲ 圖7-14

步驟 7-15：Create app 大約會使用 3-4 分鐘建置，請讀者留意畫面中顯示的建置過程內容及變化，如圖 7-15（a）至（b）。

★ **觀察 3** 比較 Amazon Elastic Beanstalk 跟 EC2 在建構網站的差異性？

★ **觀察 4** Create App 建置過程中有那些重要的訊息呢？

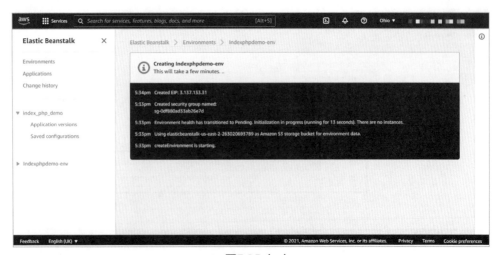

▲ 圖7-15（a）

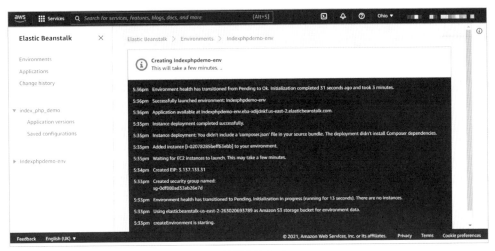

▲ 圖7-15（b）

步驟 7-16：當圖 7-15（b）全部建置完成就會跳到圖 7-16（a）的畫面，還需花 2-3 分鐘才會顯示成功畫面，並顯示建置過程相關的 Recent events，如圖7-16（b）。若是有問題，則必須查看圖7-15（a）至（b）或是圖7-16（b）的訊息內容，檢視看看哪些環節出錯了。

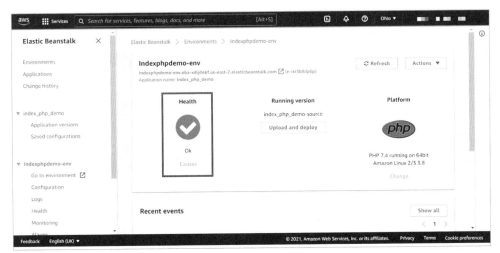

▲ 圖7-16（a）

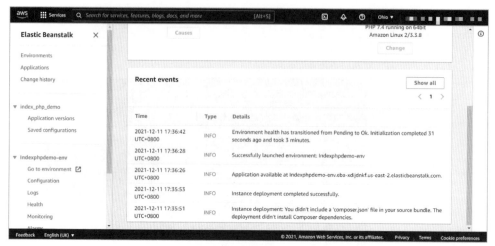

▲ 圖7-16（b）

步驟 7-17：當建置成功後可以點選灰框內的**網址**去瀏覽網頁，如圖 7-17。

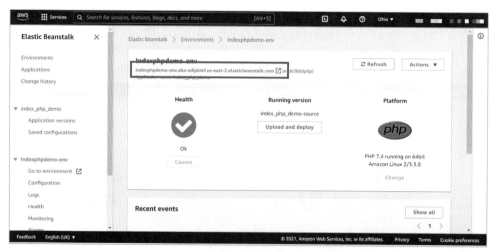

▲ 圖7-17（a）

太好了！！出現預期的網頁內容了，網頁出現步驟 7-6 所編寫的網頁內容，如圖 7-17（b）。

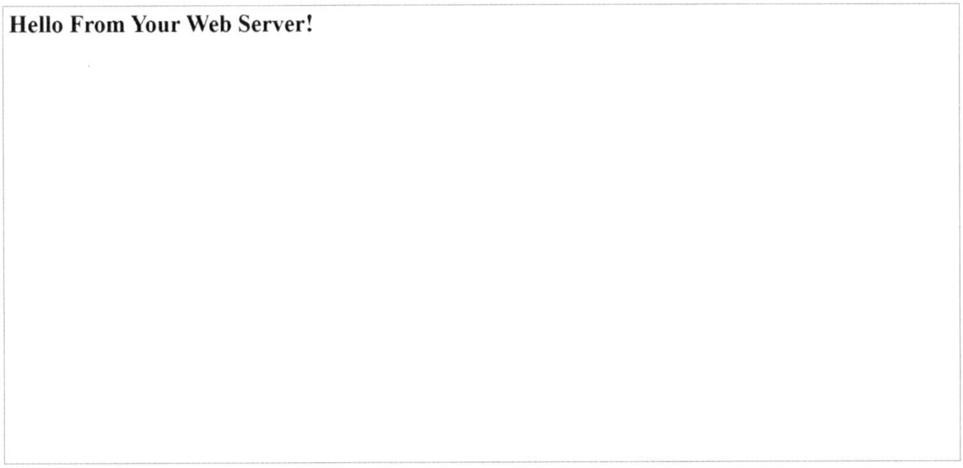

Hello From Your Web Server!

▲ 圖7-17（b）

● 在本實作您已啟動及使用 Elastic Beanstalk 所啟動的相關資源，按雲端的使用付費 (pay as you go)，您須支付這資源使用費用。建議您隨時將雲端資源釋放，釋放的方式請參考本書的附錄 E。

§7-2　本章節的學習

● 上述觀察的學習

★ 觀察1 Elastic Beanstalk 在眾多 AWS 服務分類中屬於哪一服務分類？ 在此服務分類，我們還常使用哪些服務？

在步驟 7-1 可以觀察到 Elastic Beanstalk 是屬於 Compute 的服務分類，其中常見到的有 EC2, Lambda, Lightsail 等服務，如圖 7-18。Compute 的服務分類是 AWS 運用最廣的服務分類，除了本章使用 Elastic Beanstalk 外，本書在第三章討論過 EC2，也即將在第十章討論 Lambda。

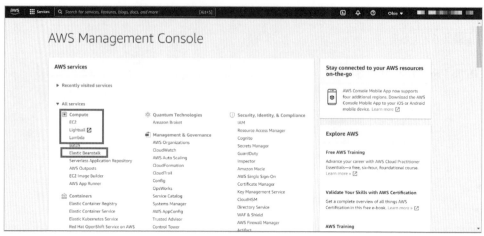

▲ 圖7-18

★ 觀察 2 本實作的 region 為何盡量選擇未建過 Elastic IP 的 region ？

每個 AWS account 在每一個 region 最多只能創建 5 個 Elastic IP [註1]，所以儘量選擇未建過 Elastic IP 的 region，較能確保執行環境的成功建立。

★ 觀察 3 比較 Amazon Elastic Beanstalk 跟 EC2 在建構網站的差異性？

從步驟 7-11 到步驟 7-16 可知 Elastic Beanstalk 提供 PaaS；而第三章以 EC2 instance 建構網站過程來看，EC2 是屬於 IaaS。

★ 觀察 4 Create App 建置過程中有哪些重要訊息呢？

在步驟 7-14 的 Create App 建置了 security group, instance, Elastic IP，並將 Application 佈署到對應的環境位置，如圖 7-19。

註1　資料參考 AWS 官方文件，https://docs.aws.amazon.com/AWSEC2/latest/UserGuide/elastic-ip-addresses-eip.html#using-instance-addressing-limit

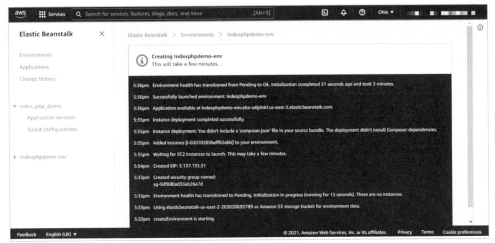

▲ 圖7-19 此圖與圖7-15（b）相同

● Amazon Elastic Beanstalk：

如同 Elastic Beanstalk 的服務標註所言 (參看圖 7-2)：

Amazon Elastic Beanstalk is an easy-to-use service for deploying and scaling web applications and services developed with Java, .NET, PHP, Node.js, Python, Ruby, Go, and Docker on familiar servers such as Apache, Nginx, Passenger, and IIS.

其運行方式是把程式碼壓縮檔上傳到 Elastic Beanstalk 的 Application 執行環境，它就會自動 deploy 對應的系統目錄，在 deploy 過程中還能監看 deploy 的內容，該執行環境還會做一般性的安全更新。Elastic Beanstalk 是不另外收取費用，付費部分則為 application 使用相關的雲計算資源，例如 Amazon S3, EC2,……等。

第八章

AWS 的 Relational DataBase 服務範例 - 使用 MySQL

AWS RDS（Relational Database Service）提供傳統 relational database 的各項服務，如 Amazon Aurora、PostgreSQL、MySQL、MariaDB、Oracle Database 和 SQL Server。眾所周知，database 的購置所費不貲，常是一筆重要的資本支出，對於資訊應用服務的新創公司，都是相當沉重的負擔。由於 AWS 是按需使用計費（pay as you go），在應用服務開發的階段，其費用負擔相對是小的；甚至後續在營運的階段，其容錯、備份等也能得到 AWS 平台的管理及支撐。因此，選擇採用雲計算平台的 database 服務，應該是一個好的選擇。

傳統在網路機房建構一個 database server，需要先有部 server 機器，之後還要安裝對應的系統軟體，這 data server 方得以建置完成。本章節將使用 AWS RDS 的 MySQL 建構一 database，並在用戶端以 Workbench 連接到這 database 並進行許多 database 的操作。相對傳統機房的 database server 建置，在雲計算平台取用 database 服務，有其快速及管理的便利性。

§ 8-1　使用 Workbench 操作 AWS RDS 的 MySQL database

本次實作將在 AWS RDS 建構 MySQL database，並在用戶端以 Workbench 連到該 database，並以事先準備好的 csv 檔上載到該 database，並後續對該 database 進行查詢的操作，如圖 8-1。

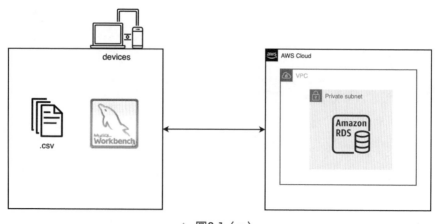

▲ 圖8-1（a）

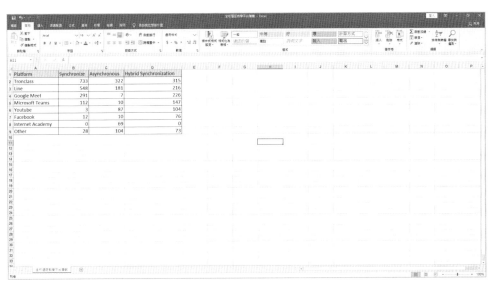

▲ 圖8-1（b）

● 使用 AWS RDS 建構一 MySQL database

步驟 8-1：透過瀏覽器連線至 https://aws.amazon.com/tw/ ，利用在 AWS 註冊的帳號**登入主控台**，即所謂的 AWS Management Console，如圖 8-2（a）。

▲ 圖8-2（a）

AWS Management Console 環境請務必使用英文,語言選項位於頁面左下角,點開請選擇 **English(US)** 或 **English(UK)**。

接下來展開 **All services**,進入 AWS Management Console 的 Service Categories 服務分類,如圖 8-2(b)。

▲ 圖8-2(b)

點選 **RDS** 服務,如圖8-2(c);亦可透過頁面左上角 **Services** 或搜尋的方式,找到今天實驗所要使用的 RDS 服務。

★ **觀察 1** RDS 在眾多 AWS 服務分類中屬於哪一服務分類?在此服務分類,我們還常使用哪些服務?

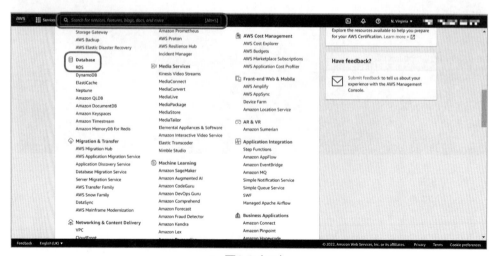

▲ 圖8-2(C)

步驟 8-2：在 Amazon RDS 點選 **Databases**，如圖 8-3。

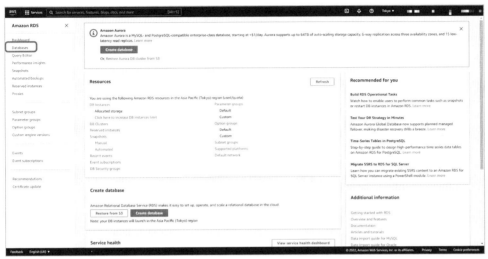

▲ 圖8-3

步驟 8-3：點選 **Create database** 以建立 database，如圖 8-4。

▲ 圖8-4

步驟 8-4：點選 **Standard create**，在 Engine Options 選項中點選 **MySQL**，如圖 8-5。

★ 觀察 2 在 RDS 的 Engine Options，您還看到哪些常見的 database engines 呢？

▲ 圖8-5

步驟 8-5：在 Templates 點選 **Free tier**，如圖 8-6。

▲ 圖8-6

步驟 **8-6**：DB instance identifier 預設為 database-1。

注意！ 請記得將 Credentials Setting 所設定的資料紀錄在記事本，在此我們將 Master username 設為 admin，Master password 與 Confirm password 都設為 12345678，如圖 8-7。

▲ 圖8-7

步驟 **8-7**：將 Public access 改為 **YES**，如圖 8-8。

★ 觀察 3 為什麼我們要將 Public access 改為 YES？

▲ 圖8-8

步驟 8-8：以上步驟都設定好後按 **Create database** 以建立 database，如圖 8-9。

▲ 圖8-9

步驟 8-9：建立的 database 正在 creating，需要一點時間，如圖 8-10。

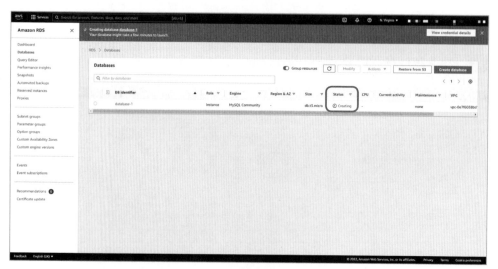

▲ 圖8-10

步驟 8-10：建置狀態會持續變為 Backing up，當建置狀態變為 Available 時，此 database 建立成功，如圖 8-11。

★ **觀察 4** 為什麼 DB instance 建置時，除了 Creating、Available 的狀態，還有 Backing up ？

▲ 圖8-11（a）

▲ 圖8-11（b）

步驟 8-11：點擊上圖 8-11（b）的 **database-1**，就會顯示出此 database 的相關訊息。

注意！ 其中的 Connectivity & security，請先將 Endpoint 複製在記事本裡！再找到 VPC security groups 並點擊連結以利下一步驟設定此 database instance 的 security group，如圖 8-12。

★ **觀察 5** 您知道 MySQL 的 Endpoint 是什麼嗎？

★ **觀察 6** MySQL 預設的 Port 為多少？

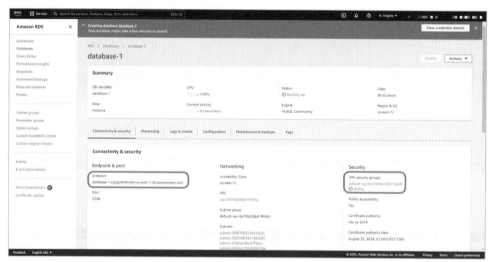

▲ 圖8-12

步驟 8-12：點選 **Edit inbound rules**，如圖 8-13。

★ **觀察 7** 為何要對 database 設定 inbound rule 呢？它的設定值為何呢？

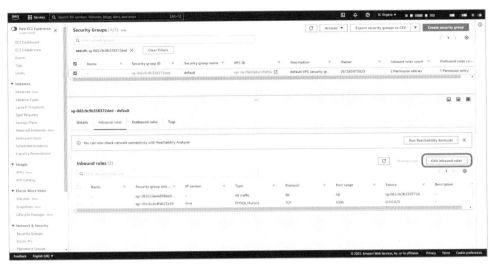

▲ 圖8-13

步驟 8-13：點選 Add rule，如圖 8-14。

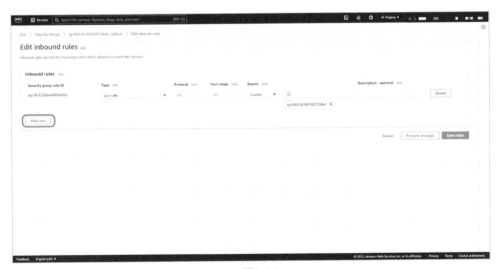

▲ 圖8-14

步驟 8-14：Type 選 項 選 擇 **MYSQL/Aurora**，Source 選 項 選 擇 **Any-where-IPv4**，設定好後點選 **Save rules**，如圖 8-15。

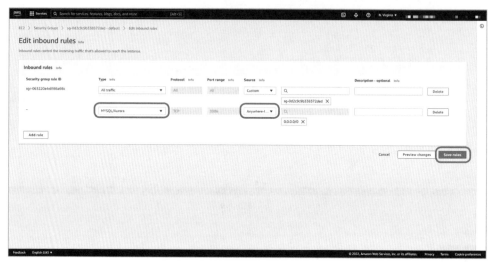

▲ 圖8-15

步驟 8-15：檢視剛剛的 inbound rule 是否產生，如圖 8-16。

▲ 圖8-16

● 使用 Workbench 連接 AWS MySQL database 並操作此 database

步驟 8-16：請在搜尋引擎查詢 MySQL Workbench download 後，下載與您電腦相容的 MySQL Workbench；打開剛下載好的 MySQL workbench，點選 **MySQL Connections** 來新增設一個 database 的連線，如圖 8-17。

★ 觀察 8 什麼是 MySQL Workbench ？

▲ 圖8-17

步驟 8-17：在 Connection Name 欄位中輸入 MySQL，並將步驟 8-6 及步驟 8-11 記載於記事本的內容依序填入：在 Hostname 欄位輸入步驟 8-11 的 Endpoint，在 Username 欄位輸入步驟 8-6 中 Master username 所設定的 admin，如圖 8-18（a）。

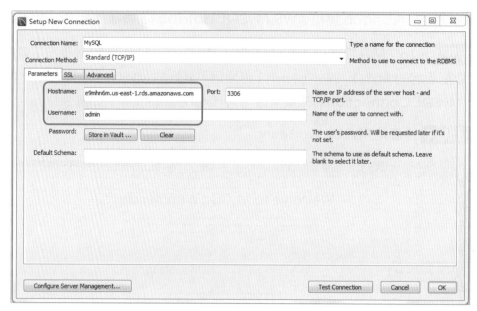

▲ 圖8-18（a）

點選 **Store in Vault**…，在 password 輸入步驟 8-6 中的 Password 為 1234578
後，點選 **OK** 儲存，如圖 8-18（b）。

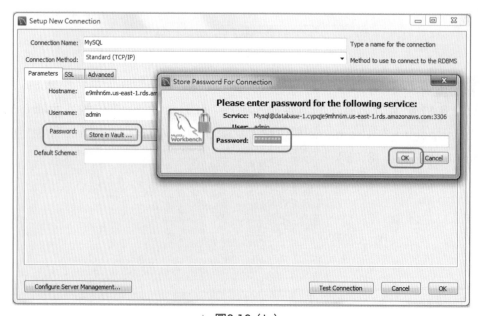

▲ 圖8-18（b）

步驟 8-18：點選 **Test Connection**，接著跳出測試連接成功的訊息， 即代表上述連線登入資訊均正確，如圖 8-19。

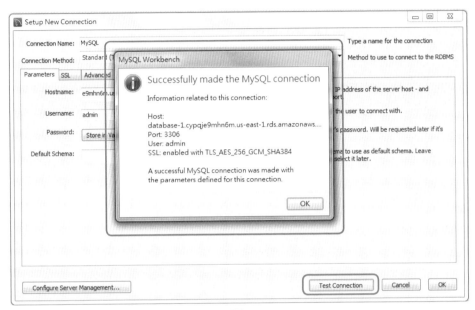

▲ 圖8-19

步驟 8-19：請點選步驟 8-18 所建立的 **MySQL** Connections，如圖 8-20。

▲ 圖8-20

步驟 **8-20**：建立 mydata 的 database，請輸入 create database mydata; 輸入完後請點選 ，以建立我們的 database，如圖 8-21。請在畫面左側 SCHEMAS 的列表中，察看建立的 database 有無顯示，若有顯示代表你已建 立成功。若無顯示請嘗試點擊的**更新鍵** ，以確定建立成功。

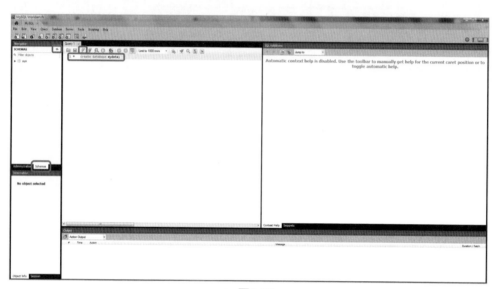

▲ 圖8-21

步驟 **8-21**：在 Schemas 找到剛剛建立的 database，**按滑鼠右鍵**，選擇 **Table Data Import Wizard** 以匯入本實作的 .csv 檔案，如圖 8-22（a）。

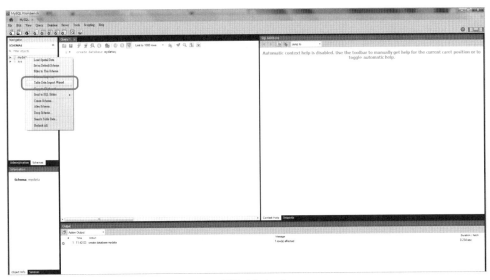

▲ 圖8-22（a）

請點選 **Browse**…找到之前建立好的 .csv 檔案後，點選**開啟**，如圖 8-22（b）。

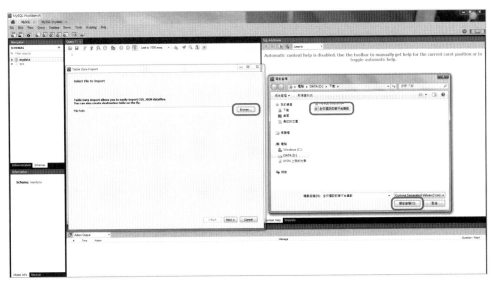

▲ 圖8-22（b）

找到你已建立好的 .csv 檔案後，持續點選 **Next** 直到匯入，如圖 8-22（c）。

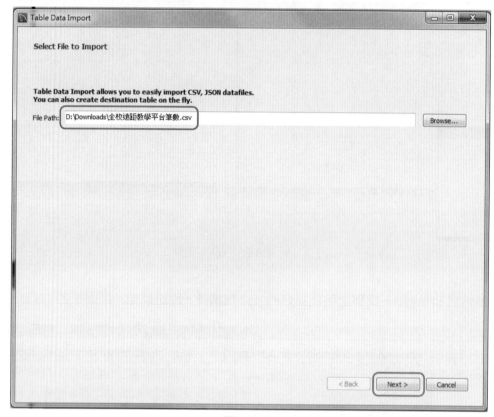

▲ 圖8-22（c）

點開畫面左側 **database 的下拉式清單**，mydata → table → 匯入的 .csv 檔
案名稱，檢查一下檔案是否匯入成功，如圖 8-22（d）。

▲ 圖8-22（d）

步驟 **8-22**：使用 SQL SELECT 敘述句來查詢 Table 資料。請輸入 select *
from mydata. 全校遠距教學平台筆數；輸入完後完後請點選 ⚡ ，如圖 8-23。

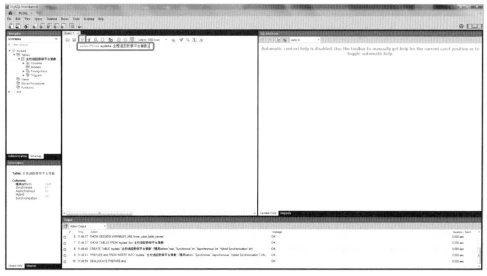

▲ 圖8-23

步驟 **8-23**：成功觀察到查詢資料的顯示，如圖 8-24。

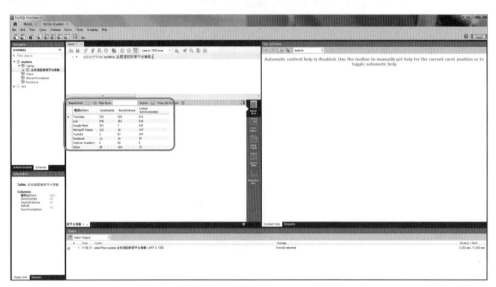

▲ 圖8-24

● 在本實作您已啟動及使用 RDS 的相關資源，按雲端的使用付費 (pay as you go)，您須支付這資源使用費用。建議您隨時將雲端資源釋放，釋放的方式請參考本書的附錄 F。

§8-2　本章節的學習

● 上述觀察的學習

★ 觀察 1　RDS 在眾多 AWS 服務分類屬於哪一服務分類？在此服務分類，我們還常使用哪些服務？

RDS 全名為 Relational Database Service，在 AWS 服務分類屬於 Database 這個分類，在此服務分類常用的還包含了 DynamoDB, ElastiCache 等，如圖 8-25。本書將在第九章討論及實作 DynamoDB，它是一個 non-relational database 的服務。

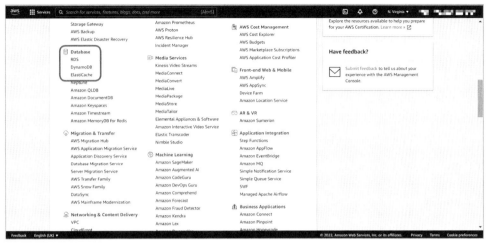

▲ 圖8-25

★觀察2 在 RDS 的 Engine Options，您還看到哪些常見的 database engines 呢？

RDS 的 Engine Option 除了本實作所使用到的 MySQL Amazon，還有 Amazon Aurora, PostgreSQL, MariaDB, Oracle, Microsoft SQL Server，如 圖 8-26。

▲ 圖8-26

★ 觀察 3 為什麼我們要將 Public access 改為 YES ？

在預設情況下，DB instance 是不允許被外部 access。access 是透過與 VPC 相關聯的 security group 授予，該 security group 允許可傳入和傳出 DB instance 的流量。若要從 VPC 外部連線至 DB instance，則 DB instance 必須具有自己的公用 IP 位址。因此，在步驟 8-16 為能使 MySQL Workbench 連接到 AWS RDS 的 database，我們需將 DB instance 設定 Public access 為 Yes。

★ 觀察 4 為什麼 DB instance 建置時，除了 Creating、Available 的狀態，還有 Backing up ？

Amazon RDS 會在 DB instance 的備份階段建立並儲存 DB instance 的 Automated Backups。RDS 會建立 DB instance 的 storage volumes snapshots，因此會備份整個 DB instance，而不只是個別的 database。RDS 會根據指定的備份保留期限儲存 DB instance 的 Automated Backups。

★ 觀察 5 你知道 MySQL 的 Endpoint 是什麼嗎？

由步驟 8-11 的學習：經由創建的 Endpoint 可以跟 Amazon RDS 的 database 建立連接。

★ 觀察 6 MySQL 預設的 Port 為多少？

由步驟 8-11 的學習：MySQL 預設的 Port 是 3306，我們必須先開啟伺服器的連接埠，並確認 security groups 的設定。

依 AWS 的 Database Server 規格，Port Range 取決於 instance 上執行的 database 類型，如表 8-1。

▼ 表8-1 [註1]

Database Server	Protocol	Port Number
MS SQL	TCP	1433
MySQL/Aurora	TCP	3306
Redshift	TCP	5439
PostgreSQL	TCP	5432
Oracle	TCP	5121

★ 觀察 7 為何要對 database 設定 inbound rule 呢？它的設定值為何呢？

由於本實作將從 AWS 外部存取此 database，因此要針對此 DB instance 的 security group 設定可以存取的 rules。在步驟 8-14 設定 Inbound Rule 的頁面裡，新增的 rule 為 Type：MYSQL/Aurora，Port Range：3306，Source：Anywhere-IPv4。

★ 觀察 8 什麼是 MySQL Workbench？

MySQL Workbench 是視覺化資料庫設計軟體，為資料庫管理員和開發人員提供了一整套視覺化的 MySQL 資料庫操作環境。該軟體支援 Windows 和 Linux 系統，可由 https://dev.mysql.com/downloads/workbench 下載。

● Knowledge-check

Q：若有一 application 是由 .NET 開發且連接 MySQL Database。現在想將此 application 移置到 AWS，以使此 application 具有 availability 和 automated backups 的功能。AWS RDS 的哪一個 database service 是此專案的最佳選擇呢？

A：Amazon Aurora

註1　資料參考 AWS 官方文件，https://docs.aws.amazon.com/zh_tw/AWSEC2/latest/UserGuide/security-group-rules-reference.html

第九章

AWS 的 Non-Relational DataBase 服務範例 - DynamoDB

第八章探討 AWS 提供的傳統 database 服務，這些 database 都屬 relational database 的模式，並匯整在 RDS 服務（relational database service）。隨著電子商務的發展，大量資料、快速處理、資料串流（data streaming）…等新型態的資料型態及處理模式，在在需要新型態 database 的支撐，此新型態的 database 屬於 non-relational database，而 AWS DynamoDB 服務則是屬於 non-relational database。

本章節將以第八章簡單的 Excel 資料建構在 DynamoDB，讀者可以很快的體會 DynamoDB 與傳統 database 的不同。

§9-1 在 Amazon DynamoDB 製作 Table 並進行資料查詢

還記得在第八章的 .csv 檔的表格嗎？本實作將以相同資料建構在 Dynamo DB，如圖 9-1。

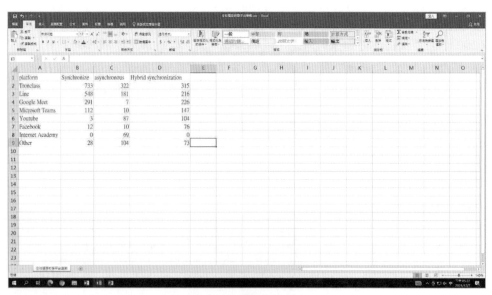

▲ 圖9-1

● 在 Amazon Dynamo DB 製作 Table

步驟 9-1：透過瀏覽器連線至 https://aws.amazon.com/tw/，利用在 AWS 註冊的帳號**登入主控台**，即所謂的 AWS Management Console，如圖 9-2（a）。

▲ 圖9-2（a）

AWS Management Console 環境請務必使用英文，語言選項位於頁面左下角，點開請選擇 English（US）或 English（UK）。

接下來展開 **All services**，進入 AWS Management Console 的 Service Categories 服務分類，如圖 9-2（b）。

▲ 圖9-2（b）

點選 **DynamoDB** 服務；亦可透過頁面左上角 **Services** 或搜尋的方式，找到今天實作所要使用的 DynamoDB 服務，如圖 9-2(c)。

★觀察 1 Dynamo DB 在眾多 AWS 服務分類中屬於哪一服務分類？在此服務分類，我們還常使用哪些服務？

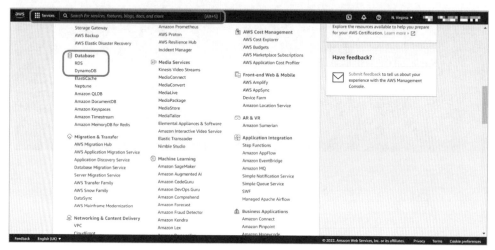

▲ 圖9-2（c）

步驟 **9-2**：進入到 Amazon DynamoDB 服務內後，在頁面左側 DynamoDB 選項中，點選 **Tables**，如圖 9-3。

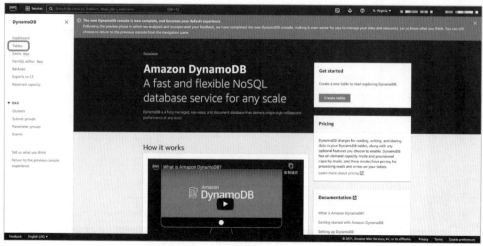

▲ 圖9-3

步驟 9-3：進入到 Table 功能頁面，點選下方或右上方的 **Create table** 以建立 Table，如圖 9-4。

▲ 圖9-4

步驟 9-4：請在 Table Name 中輸入 Table 名稱，在此輸入 TableData；在 Partition key 輸入 Table 欄位的名稱，在此輸入圖 9-1 資料集的第一個欄位名稱 platform，如圖 9-5（a）。

確定 Table Name 與 Partition key 皆輸入好後，請點選 **Create table** 建立此 DynamoDB Table，如圖 9-5（b）。

★ 觀察 2 Partition key 是什麼？

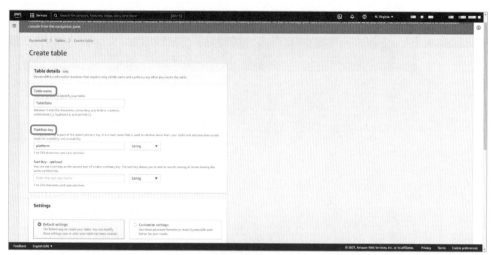

▲ 圖9-5（a）

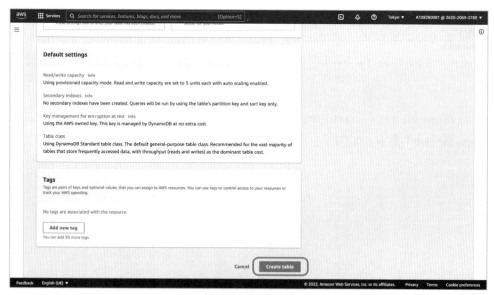

▲ 圖9-5（b）

步驟 **9-5**：可以看到 Tables 的 Status 正在 Creating，如圖 9-6。

▲ 圖9-6

步驟 **9-6**：當 Status 出現 Active 時，表示此 Table 已成功建立成功。接下來請點選頁面左側 DynamoDB 選單的 **Items**，如圖 9-7。

▲ 圖9-7

步驟 9-7：點選剛剛建立的 Table，即 **TableData**；再來點選 **Create item**，以新增 TableData 的各個 item，如圖 9-8。

★ 觀察 3 何謂 item 呢？與 record 的區別何在呢？

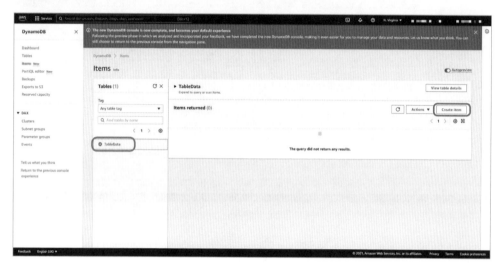

▲ 圖9-8

步驟 9-8：再次檢視圖 9-1 的資料內容，將這些資料內容鍵入到前述建立 DynamoDB 的 Table 中，如表 9-1。

▼ 表9-1

Platform	Synchronize	Asynchronous	Hybrid synchronization
Tronclass	733	322	315
Line	548	181	216
Google Meet	291	7	226
Microsoft Teams	112	10	147
Youtube	3	87	104
Facebook	12	10	76
Internet Academy	0	69	0
Other	28	104	73

步驟 9-9：選擇頁面左上方的 **Form**，在 Platform 的 Value 欄位中輸入 Tronclass，如圖 9-9。

▲ 圖9-9

步驟 9-10：除了 Platform 的 Partition key 之外，要增加表 9-1 的 Synchronize, Asynchronous, Hybrid synchronization 等欄位，每次請點擊 **Add new attributes**，並依據個別欄位的資料型態指定 Type，由於表 9-1 的資料均屬於數字型態，所以 Type 資料型態都選 **Number**，如圖 9-10。

★ **觀察 4** item 與 attribute 的關係為何？

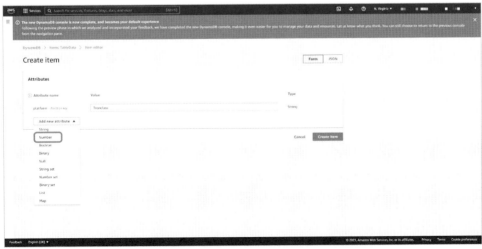

▲ 圖9-10

步驟 9-11：逐一輸入完資料集的第一筆資料後，點擊右下方 **Create item**，以建立此 DynamoDB Table 的一筆 item，如圖 9-11。

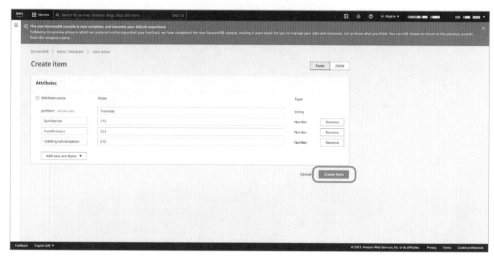

▲ 圖9-11

步驟 9-12：可以看到剛剛新增的第一筆 item 資料內容，再點擊 **Create item** 以新增新一筆 item 的內容，如圖 9-12。

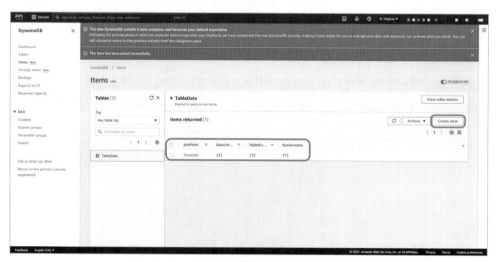

▲ 圖9-12

步驟 **9-13**：資料集的各筆資料每次都透過 **Create item** 方式輸入後，如圖 9-13。

★ **觀察 5** DynamoDB 的資料鍵入，僅能如此繁瑣的一筆一筆鍵入嗎？

▲ 圖9-13

步驟 **9-14**：新增一筆 item，當中 platform 的 Value 為 Internet Academy，其他的三個 attributes（Synchronize, Asynchronous, Hybrid synchronization）的 Value 分別為 0,69,0，點選 **Creat items**，如圖 9-14。

▲ 圖9-14

步驟 9-15：此時 Table 顯示的內容，如圖 9-15。

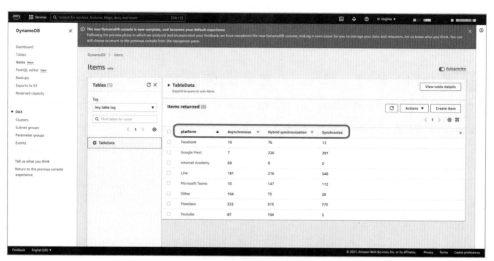

▲ 圖9-15

步驟 **9-16**：接下來將 Internet Academy 這筆資料刪除，觀察當新增資料時內容填入空白，此 Table 內容顯示會如何。

請勾選 **Internet Academy** ，接下來展開 **Actions**，點選 **Delete items**，如圖 9-16（a）後，再點選 **Delete**，將其刪除，如圖 9-16（b）。

▲ 圖9-16（a）

▲ 圖9-16(b)

步驟 **9-17**：刪除後，我們再新增一筆 Internet Academy 的 item，但此 item 僅有 Asynchronous 的 value，其他兩個 attributes（Synchronization, Hybrid Synchronization）皆未列入，此時點選 **Create items**，如圖 9-17。

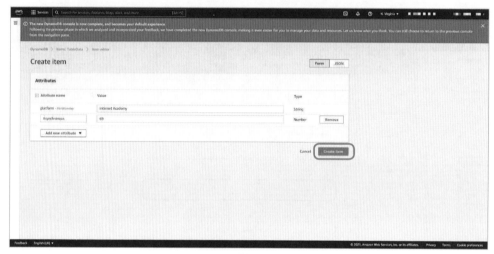

▲ 圖9-17

步驟 **9-18**：可以發現 Table 顯示的 Internet Academy 這個 item 有兩個 attributes 是空白的，如圖 9-18。

★ 觀察 6 傳統的 database 能允許所屬資料有不同欄位數嗎？

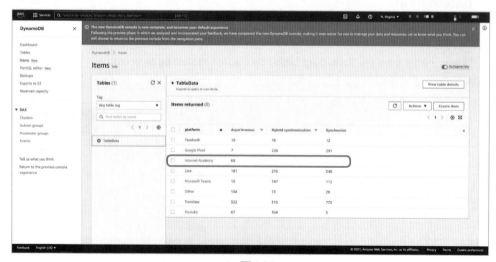

▲ 圖9-18

● 在 DynamoDB 進行資料查詢

步驟 9-19：點選頁面左側 DynamoDB 選單中的 **PartiQL editor**，並使用 SQL 語句查詢 Table 資料，如圖 9-19。

▲ 圖9-19

步驟 9-20：使用 SQL SELECT 敘述句來查詢我們的 Table 資料，並點擊 Run 執行此資料查詢，如圖 9-20。請輸入

SELECT "Synchronize" FROM TableData;

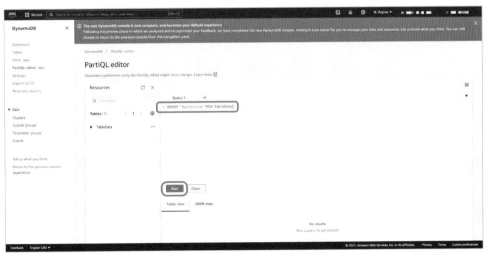

▲ 圖9-20

步驟 9-21：將頁面移至下方就可看到平台中 Synchronize attribute 的所有資料，如圖 9-21。

▲ 圖9-21

步驟 9-22：點選 **Delete**，刪除此 DynamoDB Table，如圖 9-22（a）。

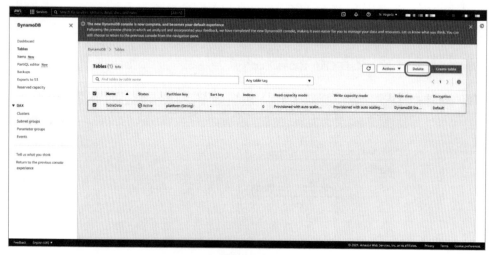

▲ 圖9-22（a）

勾選 **Delete all CloudWatch alarms for this table** 選項後，在下方欄位輸入 delete，再點選 **Delete table**，如圖 9-22（b）。

▲ 圖9-22（b）

接下來就可看到 Table 的 Status 為 Deleting，即表示正在刪除，如圖 9-22（c）。

▲ 圖9-22（c）

● 在本實作您已啟動及使用 DynamoDB 的相關資源，按雲端的使用付費 (pay as you go)，您須支付這資源使用費用。建議您隨時將雲端資源釋放，釋放的方式請參考本書的附錄 G。

§9-2　本章節的學習

● **上述觀察的學習**

★ 觀察 1　Dynamo DB 在眾多 AWS 服務分類中屬於哪一服務分類？在此服務分類，我們還常使用哪些服務？

DynamoDB 屬於 AWS Database 服務分類，屬於 NoSQL 資料庫類型，也就是非關連式資料庫 (non-relational database)，在此服務分類中還包含了 RDS, ElastiCache 等，如圖 9-23。本書在第八章進行了 RDS 的實作及討論。

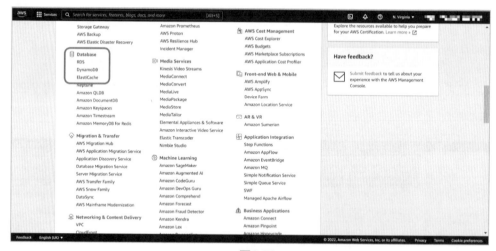

▲ 圖9-23

★ 觀察 2　Partition key 是什麼？

使用 Primary Key 可將 Table 資料進行 partitioned，可以加速資料的檢索速度。圖 9-24 有 11 筆 items，以 partition key 區分為 4 個分區。

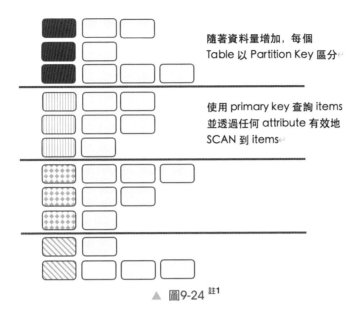

隨著資料量增加，每個
Table 以 Partition Key 區分

使用 primary key 查詢 items
並透過任何 attribute 有效地
SCAN 到 items

▲ 圖9-24 註1

DynamoDB 支援兩種 Primary Keys，分別有 Single Key 和 Compound Key。
圖 9-25 的 Single Key 為 Partition Key，Compound Key 由 Partition Key 和
Sort Key 組合使用。

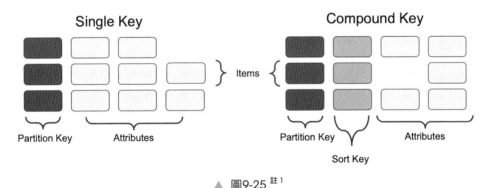

▲ 圖9-25 註1

註1　資料參考 AWS Academy ACFv2 - Module 8 - Section2
　　　https://www.awsacademy.com/LMS_Login
　　　https://rickhw.github.io/2016/08/17/AWS/Study-Notes-DynamoDB/

而本章實作使用的 Primary Key 為 Single Key-Partition Key，鍵值為 Platform，如圖 9-26。

Partition Key

Platform	Synchronize	Asynchronous	Hybrid synchronization
Tronclass	733	322	315
Line	548	181	216
Google Meet	291	7	226
Microsoft Teams	112	10	147
Youtube	3	87	104
Facebook	12	10	76
Internet Academy	0	69	0
Other	28	104	73

▲ 圖9-26

★ 觀察 3 何謂 item 呢？與 record 的區別何在呢？

Non-Relational Database 的 item 與 relational database 的 record 都在描述一筆資料；然而 item 的每筆資料的 schema 是各自獨立，有更高的擴充能力與彈性。

★ 觀察 4 item 與 attribute 的關係如何？

DynamoDB 對於其 table 的組成與傳統 relational database 略有不同，在此引述 Amazon DynamoDB 的 Developer Guide 的幾句簡短的定義，應能很容易體會及了解："*In Amazon DynamoDB, an item is a collection of attributes. Each attribute has a name and a value. An attribute value can be a scalar, a set, or a document type.*" [註2]

註2　資料參考 Amazon DynamoDB Developer Guide. https://docs.aws.amazon.com/amazondynamodb/latest/developerguide/WorkingWithItems.html

★ 觀察 5 DynamoDB 的資料鍵入，僅能如此繁瑣的一筆一筆鍵入嗎？

§9-1 的實作步驟為求初學者的學習觀察及體驗，所以資料是一筆一筆建立。
然而一般的實務操作會將一般電子商務資料或網際服務資料的 JSON 格式資
料，透過第一章討論過的 AWS Command Line Interface(AWS CLI) 整批匯入
DynamoDB 的 Table，其命令如下：

```
aws dynamodb batch-write-item --request-items file://YourTableName.json
--region YourRegionName
```

★ 觀察 6 傳統的 database 能允許所屬資料有不同欄位數嗎？

不允許。傳統的 relational database 其欄位的名稱跟型態都是固定，格式較
為嚴謹。

第十章

AWS 的 serverless 架構範例 - 使用 Lambda

雲計算平台相當強調它的平台（platform）角色，也無不時強調它提供服務（service）的角色，這平台或服務的角色，不只適用於終端使用者，亦適用於應用服務的開發者。試想傳統應用服務的開發，先要把 servers 購置好、把機房規劃好，程式還沒開始進行，大量的經費、大量的人力、大量的時間，就耗費在這基礎的資訊系統環境（Infrastructure）的建構。所以雲計算平台相當強調其 serverless 架構，對比傳統的應用服務開發架構，有其長足的優勢。AWS 的 Lambda 為其遂行 serverless 架構的重要服務，如同其服務的註解標示：Run Code without Thinking about Servers，很能貼切說明它的角色及功能。

本章節的實作在演示 Lambda 的重要功能，除了 serverless 的優勢外，它亦能提供 event driven 的系統開發架構。本實作的規劃是在 S3 建構兩個 buckets（相關技術請參考第五章），預擬好的 txt 檔上傳到其中一個 bucket 時，系統立刻驅動（event driven）一段 Lambda 程式碼的執行，此程式會將此 txt 檔的複製到另一 bucket 並取不同檔案名稱。

§10-1　具 Event Driven 的 Lambda 實作

● **建構兩個 S3 buckets**

步驟 **10-1**：透過瀏覽器連線至 https://aws.amazon.com/tw/，利用在 AWS 註冊的帳號**登入主控台**，即所謂的 AWS Management Console，如圖 10-1（a）。

▲ 圖10-1（a）

AWS Management Console 環境請務必使用英文，語言選項位於頁面左下角，點開請選擇 English（US） 或 English（UK）。

接下來展開 **All services**，進入 AWS Management Console 的 Service Categories 服務分類，如圖 10-1（b）。

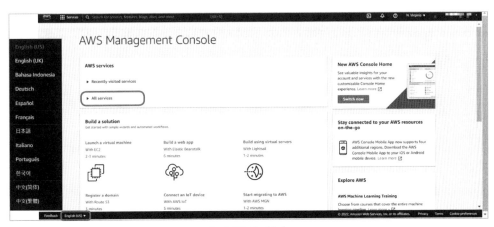

▲ 圖10-1（b）

點選 **S3** 的服務，如圖 10-1（c）；亦可透過頁面左上角 **Services** 或搜尋的方式，找到今天實作所要使用的 S3 服務。在五章曾創建 S3 bucket，相關設定有其特別要求，請參考該章節的說明。

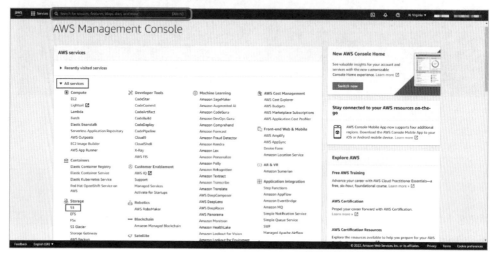

▲ 圖10-1（c）

步驟 10-2：點擊 **Create bucket**，來產生 bucket，如圖 10-2（a）。

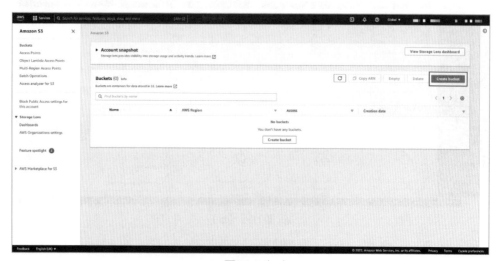

▲ 圖10-2（a）

Bucket name 輸入 source-test0317，如圖 10-2（b）。

▲ 圖10-2（b）

Block all public access 勾選取消，如圖 10-2（c），並勾選 I acknowl-edge that…確認存取權限設定，之後點擊 Create bucket，如圖 10-2（d）。

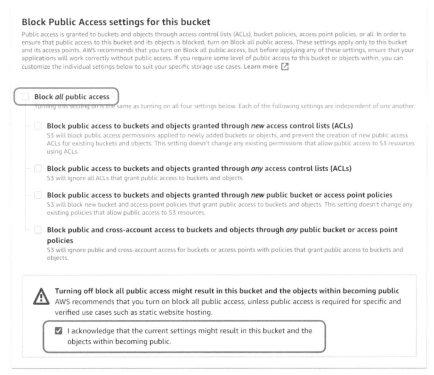

▲ 圖10-2（c）

▲ 圖10-2（d）

在圖 10-2（e）的 Buckets 中能看到創建好的第一個 bucket 名為 source-test0317，接著再點選 **Create Bucket** 產生另一個名稱為 target-test0317 的 Bucket。

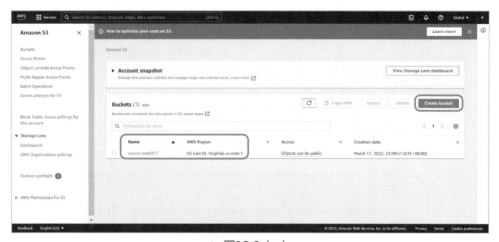

▲ 圖10-2（e）

除 Bucket name 輸入 target-test0317 外，設定步驟與前幾步驟相同，如圖
10-2（f）。

▲ 圖10-2（f）

最後在圖 10-2（g）的 Buckets 中能看到創建好的第二個 Bucket 名稱為 tar-
get-test0317。

▲ 圖10-2（g）

● Lambda function 的設定

步驟 10-3：透過頁面左上角 **Services** 或搜尋的方式，輸入 Lambda 來尋找服務後點選 **Lambda**，如圖 10-3。

★ 觀察 1 Lambda 在眾多 AWS 服務分類中屬於哪一服務分類？在此服務分類，我們還常使用哪些服務？

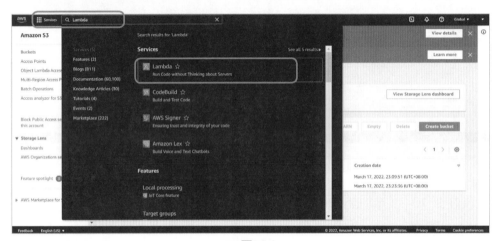

▲ 圖10-3

步驟 10-4：點選頁面右上角 **Create function**，建立 Lambda function，如圖 10-4。

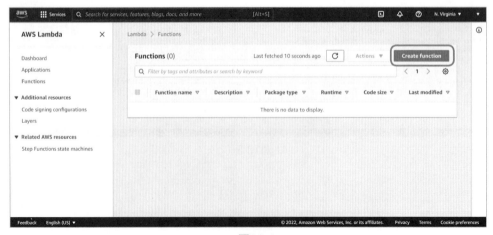

▲ 圖10-4

步驟 10-5：在 Choose one of following option to create your function 選項中，點選 **Author from scratch** 載入簡單的 Hello World example 範例程式； 在 Function name 欄位中輸入 rename；在 Runtime 執行環境項目中選擇 **Python 3.8** 或是 Python 最新版本； Architecture 選項點選 **x86_64**，如圖 10-5（a）。

▲ 圖10-5（a）

展開 **Change default execution role**，在 Execution role 選擇 **Use an existing role**，展開 **Existing role** 點選 **RecognizeObjectLambdaRole**，以產生此 function 的架構設定，如圖 10-5（b）。

★ **觀察 2** 可做為 Lambda function 的 Runtime 有哪些呢？

▲ 圖10-5（b）

步驟 **10-6**：系統預設載入 Hello from Lambda 程式。請將 Code source 中 lambda_function.py 的 lambda_function 內容刪除，如圖 10-6（a）。

▲ 圖10-6（a）

刪除後，請將圖 10-6（b）code 內容依序輸入其中。

注意！因建置 S3 時，所有使用者建置的 Bucket Name 不可重複（有唯一性）。因此，請分別確認圖 10-6（b）程式碼中與步驟 10-2 建的 Bucket name 分別 bucket_name ='target-test0317' 與 'Bucket': 'source-test0317'。

★ 觀察 3　圖 10-6（b）程式碼該如何解析？

```
import datetime
import dateutil.tz
import time
import boto3

bucket_name = 'target-test0317'
s3 = boto3.resource('s3')

def lambda_handler(event,context):
    request = event['Records'][0]['s3']['object']['key']
    copy_source = {
    'Bucket':'source-test0317',
    'Key': request
    }
    tz = dateutil.tz.gettz('Asia/Taipei')
    timestr = datetime.datetime.now(tz).strftime("%Y%m%d%H%M%S")
    file_name = timestr+'.txt'
    s3.meta.client.copy(copy_source, bucket_name, file_name)

if __name__ == "__main__":
    lambda_handler()
```

▲ 圖10-6（b）

編寫好程式後，請點選 **Deploy**，如圖 10-6（c）。

▲ 圖10-6（c）

步驟 10-7：Updating 新的 Lambda Function 後，點選 **Configuration**，在 General configuration 頁面，再點擊 **Edit** 進入 basic settings，圖10-7（a）。

▲ 圖10-7（a）

接著在 Basic settings 的 Timeout 項目，設定為 **10 min 0 sec**，之後請點選
Save 儲存設定，如圖 10-7（b）。

▲ 圖10-7（b）

在 General configuration 的介面上，可以觀察檢視剛剛所設定的 Basic set-
tings 內容，如圖 10-7（c）。

▲ 圖10-7（c）

● **Lambda function 的 trigger 設定**

步驟 10-8：點選 **+Add trigger**，以增設 S3 可以觸動這個 Lambda Function，如圖 10-8（a）。

▲ 圖10-8（a）

在 Trigger configuration 找到 **S3** Trigger 並點選，如圖 10-8（b）。

★ 觀察4 有哪些服務可以驅動 Lambda ？

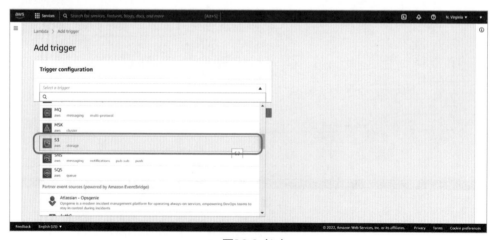

▲ 圖10-8（b）

展開 **Bucket** 並點選 **source-test0317**，如圖 10-8（c）。此意當有任何 ob-ject 在 bucket source-test0317 產生時，即能觸發 Lambda 程式的執行。

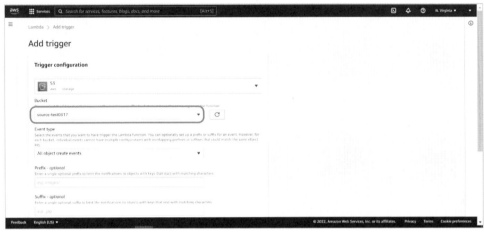

▲ 圖10-8（c）

接著移至頁面最下方，勾選 **I acknowledge that** …，並點選 **Add**，以增設 source-test0317 這個 bucket 可以觸發這個 Lambda function，如圖 10-8（d）。

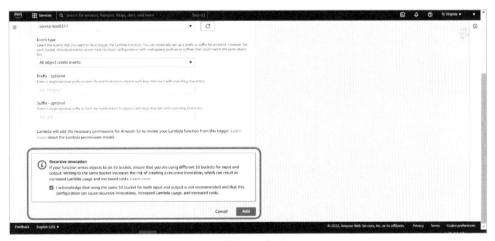

▲ 圖10-8（d）

增設好的 S3：source-test0317 trigger 會顯示在 Triggers 列表之中，如圖 10-8（e）。

▲ 圖10-8（e）

● **實作測試及驗證**

步驟 **10-9**：Upload 一個 txt 檔到 S3 的 bucket 內。在頁面左上角搜尋欄位中輸入 S3 後，點選 **S3** 服務，如圖 10-9（a）。

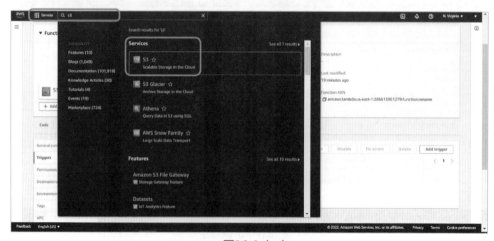

▲ 圖10-9（a）

在 Buckets 項下找到並點開 **source-test0317** 這個 bucket，如圖 10-9（b）。

▲ 圖10-9（b）

接著點選 **Upload**，如圖 10-9（c）。點選下方的 Upload 或右上方的 Upload 均可。

▲ 圖10-9（c）

請點選 **Add files**，如圖 10-9（d）。

▲ 圖10-9（d）

選擇您建立的 txt 檔，如圖中 **test0317**，點選**開啟**，如圖 10-9（e）。

▲ 圖10-9（e）

test0317.txt 檔內容，如圖 10-9（f）。

▲ 圖10-9（f）

選擇好檔案後，請再點選 **Upload**，將 txt 檔 Upload 到 source-test0317 的 bucket 內，如圖 10-9（g）。

▲ 圖10-9（g）

我們可以在 Files and folders 頁面中觀察到剛上傳的 txt 檔，接著點選 **Close** 回到 source-test0317 這個 Bucket 頁面，如圖 10-9（h）。

▲ 圖10-9（h）

步驟 10-10：點選左上角 **Amazon S3**，再回到 S3 的 Buckets 列表，如圖 10-10（a）。

▲ 圖10-10（a）

點開檢視 **target-test0317** 這個 bucket，查看 bucket 內的檔案，如圖 10-10（b）。

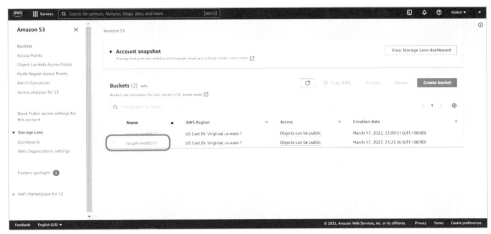

▲ 圖10-10（b）

在名為 target-test0317 的 bucket 中可以看到新產生的 20220318015916.txt，
如圖 10-10（c）。可見當 test0317.txt 上載到名為 source-test0317 的 bucket
後，如圖 10-9（g），此動作立即驅動圖 10-6（c）的 Lambda 程式執行，此
Lambda 程式將 test0317.txt 的複製到名為 target-test0317 的 bucket 並取檔
名為 20220318015916.txt。

▲ 圖10-10（c）

步驟 10-11：請**勾選** txt 檔，展開 **Actions**，點選 **Query with S3 Select** 選項，如圖 10-11（a）。

▲ 圖10-11（a）

進入 Query with S3 Select 頁面，如圖 10-11（b）。

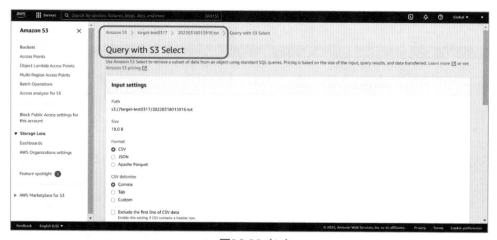

▲ 圖10-11（b）

將頁面往下滑至 SQL query，並點選 **Run SQL query**，如圖 10-11（c）。

▲ 圖10-11（c）

在 Query results 中的 Raw 頁面，就會顯示 txt 檔的內容，如圖 10-11（d）。

▲ 圖10-11（d）

● 在本實作您已啟動及使用 Lambda 及 S3 的相關資源，按雲端的使用付費 (pay as you go)，您須支付這資源使用費用。建議您隨時將雲端資源釋放，釋放的方式請參考本書的附錄 H。

§10-2　本章節的學習

● 上述觀察的學習

★ 觀察 1 Lambda 在眾多 AWS 服務分類中屬於哪一服務分類？在此服務分類，我們還常使用哪些服務？

Lambda 是屬於 Compute 的服務分類。在此服務分類項下，EC2, Lightsail, Lambda, Elastic Beanstalk 等諸多服務都是常用的服務，如圖 10-12。本書在第三章討論過 EC2，在第七章討論過 Elastic Beanstalk。

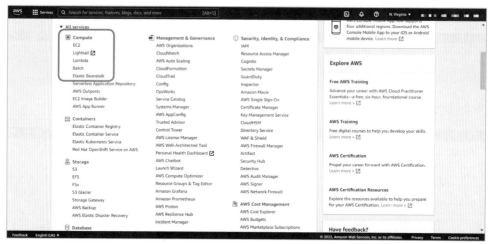

▲ 圖10-12

★ 觀察 2 可做為 Lambda function 的 Runtime 有哪些呢？

Runtime 有許多 Latest supported 支援，如 .NET, Go, Java, Node.js, Python 和 Ruby，如圖 10-13。

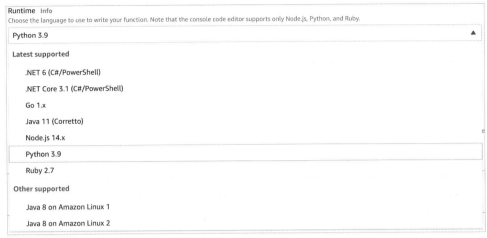

▲ 圖10-13 ^{註1}

★ **觀察 3** 圖 10-14 程式碼的解析 ^{註2}。

- *request = event['Records'][0]['s3']['object']['key']* 這行程式表示 request 即是 S3 觸發事件的 object，以本實作而言此即 test0317.txt

- copy_source = { 'Bucket': 'source-test0130','Key': request} 這行程式表示創建一份已儲存在 source-test0130 這個 Bucket 內的 object，Key 是指此 object，即 test0317.txt；

- tz = dateutil.tz.gettz（'Asia/Taipei'）這行程式表示 tz 變數透過 dateutil.tz.gettz（）取得檢索時區的時間字串；

- timestr = datetime.datetime.now（tz）.strftime（"%Y%m%d%H%M%S"）這行程式表示 timestr 變數透過 datetime.datetime.now（tz）.strftime（），將輸出時間格式化為 %Y 代表 4 位數的年、%m 代表月份、%d 代表日、%H 為 24 小時制的小時、%M 分鐘及 %S 秒；

- file_name = timestr+'.txt' 在建立以目前時間為檔名的 txt 檔，以本實作而言，此即圖 10-10(c) 的 20220318015916.txt；

註1　資料參考 AWS Lambda Function 服務，https://aws.amazon.com/lambda

註2　資料參考 AWS Lambda Developer Guide https://docs.aws.amazon.com/lambda/latest/dg/with-s3-example.html

- s3.meta.client.copy（copy_source, bucket_name, file_name）從 copy_source 複製一份到 bucket_name 檔名為 file_name；以本實作而言，bucket_name 即 target-test0317，file_name 即 20220318015916.txt。

```
import datetime
import dateutil.tz
import time
import boto3

bucket_name = 'target-test0317'
s3 = boto3.resource('s3')

def lambda_handler(event,context):
    request = event['Records'][0]['s3']['object']['key']
    copy_source = {
    'Bucket':'source-test0317',
    'Key': request
    }
    tz = dateutil.tz.gettz('Asia/Taipei')
    timestr = datetime.datetime.now(tz).strftime("%Y%m%d%H%M%S")

    file_name = timestr+'.txt'
    s3.meta.client.copy(copy_source, bucket_name, file_name)

if __name__ == "__main__":
    lambda_handler()
```

▲ 圖10-14 此程式與圖10-6(b)程式一致

★ 觀察6 有哪些服務可以驅動 Lambda ？

可驅動 Lambda 的服務相當多，有 API Gateway, AWS IoT, DynamoDB, S3, SNS…等服務，如圖 10-15（a）及圖 10-15（b）。

▲ 圖10-15（a）註3

▲ 圖10-15（b）註3

註3　資料參考：AWS Lambda Function 服務

第十一章

AWS 的 Content Delivery Network 範例 - 使用 CloudFront

第三章實作了一個具有 Public IP 的簡易網站，理應全世界都能瀏覽這網站。然而若網站的內容涉及 image, audio, video，由於這些媒體素材的資料較大且有即時性的需求，要提供全世界都能瀏覽的話，其網站設計就不是第三章的簡單網站架構所能達成，通常這類的網站會架構在 CDN（Content Delivery Network）網路架構上。CDN 的服務提供者在世界各地佈設了相當多的 storage 用以備份儲存上述的媒體資料，當用戶瀏覽網站的某一媒體資料，CDN 會透過一套演算法，或由離該用戶最近且有該媒體備份資料的 storage 提供給該用戶，或由網站將該媒體資料直接提供給用戶並備份到離該用戶最近的 storage。儲存全部媒體資料的 server 稱之為 origin server；分散在全世界各地的 storage，或稱為 cache 或是 replica 或是 edge。

AWS CloudFront 即是提供 CDN 的服務，透過 CDN 服務，每個 edge 都有一個暫存的空間，使其不必耗費大量的路徑回去 origin server 把資料讀取出來，其網頁瀏覽速度更快速也更穩定。圖 11-1 是 AWS 所設立的 edges。Amazon CloudFront 擁有位於 47 個國家 / 地區、90+ 個城市總共 310+ 個連接點（PoPs）的全球網路 （300+ 個 edges 和 13 個 Regional Edge Caches）。

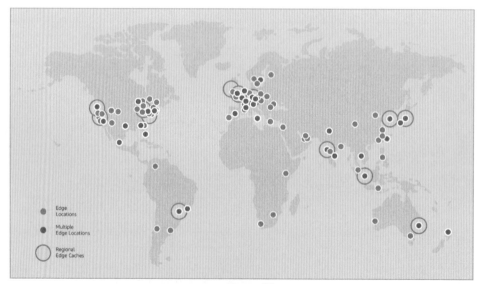

▲ 圖11-1[註1]

註1　資料參考 AWS 官方文件，https://aws.amazon.com/cloudfront/features/?whats-new%20cloud-front.%20sort-by=item.additionalFields.postDateTime&whats-new-cloudfront.sort%20order=%20desc#Global_Edge_Network

§11-1 在 AWS 上使用 CloudFront 發布網站

● 建立 S3 bucket 以後續作為 Origin server

步驟 11-1：透過瀏覽器連線至 https://aws.amazon.com/tw/，利用在 AWS 註冊的帳號**登入主控台**，即所謂的 AWS Management Console，如圖 11-2（a）。

▲ 圖11-2（a）

AWS Management Console 環境請務必使用英文，語言選項位於頁面左下角 點開請選擇 English（US）或 English（UK）。

接下來展開 **All services**，進入 AWS Management Console 的 Service Categories 服務分類，選擇 **S3** 服務，如圖 11-2（b）；亦可透過頁面左上角 **Services** 或搜尋的方式，找到今天實作所要使用的 S3 服務。在第五章及第 十章，我們曾在 S3 建立過 bucket，請參考相關的討論及說明。

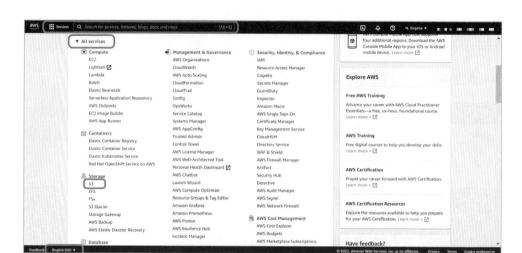

▲ 圖11-2（b）

步驟 11-2：建構一個 S3 bucket 以作 Object 的資料存儲。

進入 S3 介面，創建一個 bucket，按 **Create bucket**，如圖 11-3（a）。

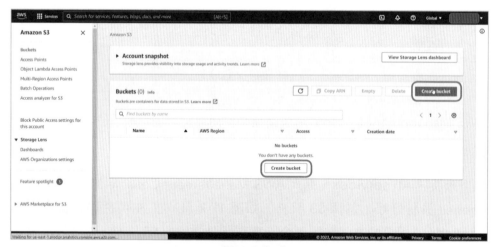

▲ 圖11-3（a）

輸入 bucket name，請注意！必須是 AWS standard regions 內沒註冊過的，
如圖 11-3（b）。

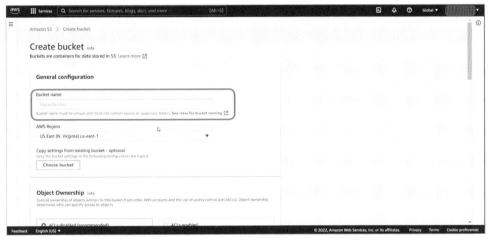

▲ 圖11-3（b）

請點選 Object Ownership 中的 **ACLs enabled**，以利後續編輯 public Ac-
cess 的權限，如圖 11-3（c）

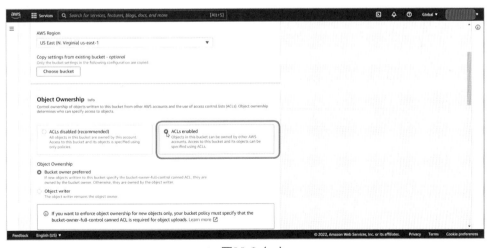

▲ 圖11-3（c）

請將 **Block all Public Access** 的勾選取消,如圖 11-3(d),但這麼做會在
網路上有被存取的風險,並在頁面下方勾選 **I acknowledge that**…確認,
如圖 11-3(e)。

▲ 圖11-3(d)

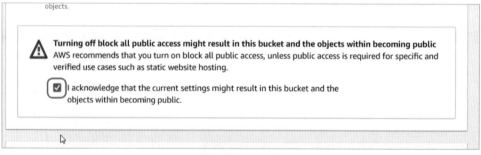

▲ 圖11-3(e)

完成以上的設定後就可以 **Create bucket**。

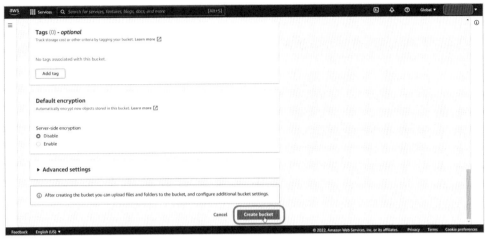

▲ 圖11-3（f）

可以在 Dashboard 看見創建好的 bucket，從這裡可以看見 bucket 被放在 US East（N.Virginia） us-east-1，Access 權限為 Objects can be public 與創建日期。點選 **cloudfront0861066** 進入此 bucket。

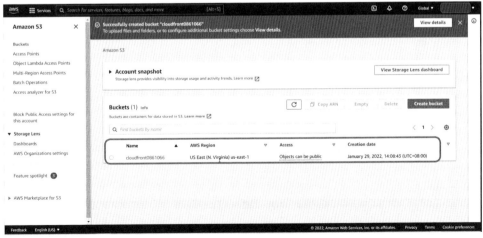

▲ 圖11-3（g）

步驟 11-3：上傳一照片檔至 S3 bucket 並以 Object URL 瀏覽該照片。

進入之後點選 **Upload** 以上傳檔案,如圖 11-4(a)。

▲ 圖11-4(a)

點選 **Add files** 來上傳圖片,如圖 11-4(b)。

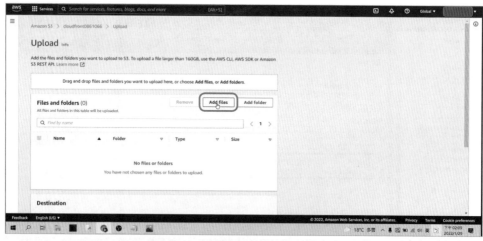

▲ 圖11-4(b)

選擇要上傳的圖片後，點選**開啟**，如圖 11-4（c）

▲ 圖11-4（c）

點選 **Upload** 上傳該照片檔，如圖 11-4（d）。

▲ 圖11-4（d）

Upload succeeded 上傳成功，接著點擊 **cloudfront.jpg** 進入設定，如圖
11-4（e）。

▲ 圖11-4（e）

點選 **Object URL** 在 Internet 瀏覽圖片，如圖 11-4（f）。

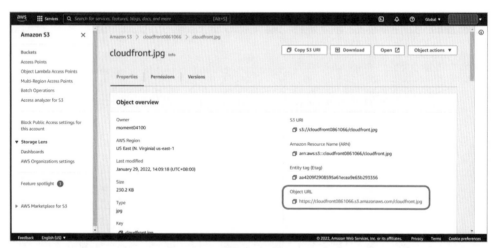

▲ 圖11-4（f）

出現 AccessDenied 訊息並未能看見圖片,所以必須去修改檔案的 ACL 設定,
如圖 11-4(g)。

▲ 圖11-4(g)

在上傳檔案的設定裡,點選 **Permissions**,接著點選右上角 **Edit** 來編輯 Access control list(ACL),如圖 11-4(h)。

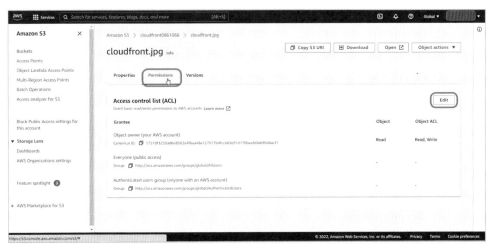

▲ 圖11-4(h)

請將 Everyone（public access）中 Objects 及 Object ACL 的 **Read** 權限都勾選打開，如圖 11-4（i）。

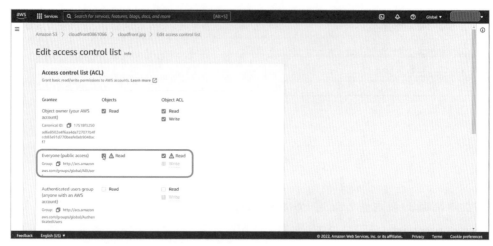

▲ 圖11-4（i）

接著在頁面下方 AWS 會顯示警告訊息，再次確認你是否要開，請勾選 **I understand the effects of these changes on this object** 並 Save changes，如圖 11-4（j）

▲ 圖11-4（j）

再更新一次便能看見圖片了。

▲ 圖11-4（k）

● 建立 CloudFront distribution

步驟 11-4：找尋 CloudFront 服務，展開左上角 **Services**，進入 Networking & Content Delivery 服務分類，選擇 **CloudFront** 服務，如圖 11-5。

★ 觀察 1 CloudFront 在眾多 AWS 服務分類中屬於哪一服務分類？在此服務分類，我們還常使用哪些服務？

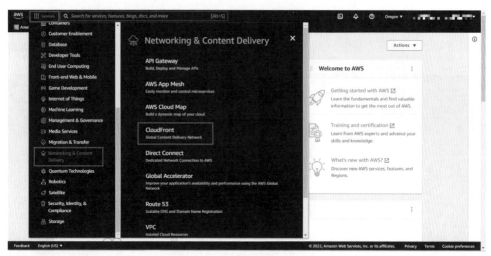

▲ 圖11-5

步驟 11-5：點擊 **Create distribution** 產生一個 distribution，如圖 11-6。

★ 觀察2 何謂 distribution ？

▲ 圖11-6

步驟 11-6：接著 Create distribution 設定，選擇要創立的 **Origin do-main**，點選步驟 11-2 所建立的 bucket，如圖 11-7（a）；並勾選 **HTTP/2**，Standard loging 點選 **off**，IPV6 點選 **on**，最後點選 **Create distribution**，如圖 11-7（b）。

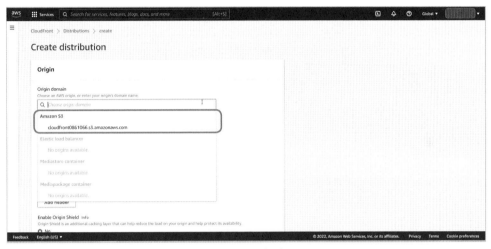

▲ 圖11-7（a）

▲ 圖11-7（b）

等待 Status 的狀態變為 Enabled，即代表此 distribution 建立成功。之後點選 **ID** 檢視此 distribution，如圖 11-7（c）。

▲ 圖11-7（c）

步驟 11-7：複製此 distribution 的 **domain name**，如圖 11-8。

▲ 圖11-8

● 在 CloudFront 建構簡易的網站

```
<!doctype html>
<html>
      <head>
             <title>Hello world !</title>
      </head>
      <body>
             <p><img src="http://d3ubgk5wnj0fx3.cloudfront.net/"
alt="my test image"/></p>
      </body>
</html>
```

步驟 11-8：在自己電腦桌面開啟記事本，撰寫簡單的網頁，如圖 11-9（a）。

▲ 圖11-9（a）

請注意，因 domain name 對應到 S3 的 bucket，故要在 domain 後敘述照片檔名 cloudfront.jpg，填寫在 img src=" "，如圖 11-9（b）。

▲ 圖11-9（b）

將此檔儲存為 html 檔，如圖 11-9（c）及圖 11-9（d）。

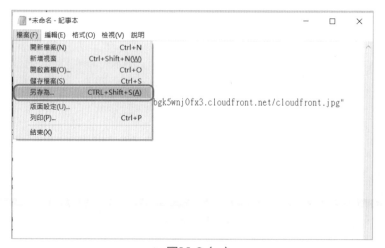

▲ 圖11-9（c）

儲存的位置為桌面，檔案名稱後面的 .txt 更改為 .html，存檔類型為**所有檔案**，
編碼類型為 **UTF-8**，接著按下**存檔**。

▲ 圖11-9（d）

步驟 11-9：瀏覽及測試網頁，打開 html 檔，如圖 11-10（a）。

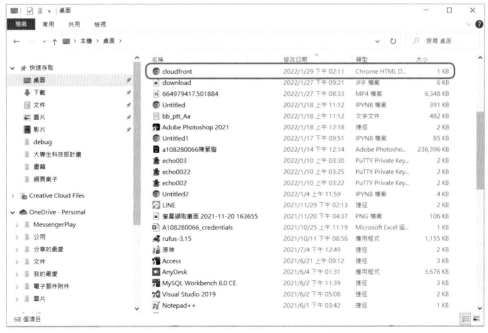

▲ 圖11-10（a）

回到 AWS Cloudfront，查看剛剛建立的 **Distributions** 是否已經建立完成，必須看到 **Last modified** 已經出現時間日期，才建立完成並能看到 object，如圖 11-10（b）。

★ 觀察 3 本實作的 html 儲存在 local 端桌面，此 html 可否放在 S3 上呢？

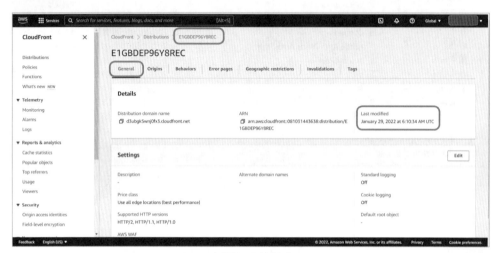

▲ 圖11-10（b）

打開儲存的 html 檔，即可看見圖片，如圖 11-10（c）。

▲ 圖11-10（c）

● 在本實作您已啟動及使用 CloudFront 及 S3 的相關資源，按雲端的使用付費 (pay as you go)，您須支付這資源使用費用。建議您隨時將雲端資源釋放，釋放的方式請參考本書的附錄 I。

§11-2 本章節的學習

● **上述觀察的學習**

★ 觀察 1 CloudFront 在眾多 AWS 服務分類中屬於哪一服務分類？在此服務分類，我們還常使用哪些服務？

CloudFront 屬於 AWS 的 Networking &Content Delivery 的服務分類，該服務分類項下常用的服務有：API Gateway, Direct Connect, Route 53, VPC 等。

★ 觀察 2 何謂 distribution ？

是為將檔案發佈至世界各地的 edge 的發佈方式，以加快該用戶能夠從最近的 edge 存取該檔案。

★ 觀察 3 本實作的 html 是儲存在 local 端桌面，可否放在 S3 上呢？

可以的。若將 html 置於 S3，則能透過瀏覽此 html 的 Object URL，進而瀏覽建構在 CloudFront 的照片。讀者可以自我嘗試看看！！

第十二章

AWS 的 AI 人臉辨識範例 - 使用 Rekognition

AI 領域的發展已有數十年，運算資源不足是其發展的瓶頸，所以曾有段時間，其應用服務的發展是比較遲滯的；直到近十年雲計算的按使用計費（pay as you go）及其 Elastic 特性並匯聚眾多運算資源，各領域 AI 服務的提供及使用，遂成為各雲計算平台重要的主流。AWS 各式 AI 服務是匯聚在 Machine Learning 的分類項下，檢視 AWS 各服務分類的服務數成長，Machine Learning 分類項下的服務數是近十年成長最多的；且由於這分類服務皆能將複雜的運算環境包裹好，使得 AI 的應用服務開發者能在簡易的平台環境，快速且專注在其服務的開發。

人臉辨識是眾多 AI 應用的主流，本章節實作將以 AWS Rekognition 進行簡易的人臉辨識；而 Jupyter Notebook 是一般常用的資訊環境，本實作亦透過 AWS SageMaker 可以快速的建置 Jupyter Notebook instance，以作為本實作的開發環境。本實作在辨識如何知道兩張圖是否是同一人，並以 Similarity 的機率來呈現同一人的可能性。

§12-1　在 AWS 使用 Rekognition 及 SageMaker 進行人臉辨識

● 首先建立授予存取 Rekognition 及 SageMaker 服務的 IAM Role

步驟 12-1： 透過瀏覽器連線至 https://aws.amazon.com/tw/，利用在 AWS 註冊的帳號**登入主控台**，即所謂的 AWS Management Console，如圖 12-1（a）。

▲ 圖12-1（a）

AWS Management Console 環境請務必使用英文，語言選項位於頁面左下角，點開請選擇 English（US）或 English（UK）。

接下來展開 **All services**，進入 AWS Management Console 的 Service Categories 服務分類，如圖 12-1（b）。

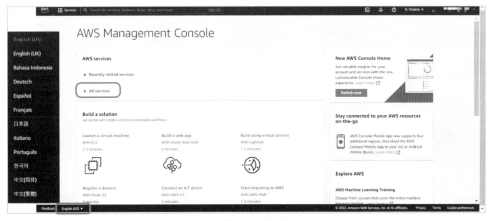

▲ 圖12-1（b）

點選 **IAM** 服務，如圖 12-1（c）；亦可透過頁面左上角 **Services** 或搜尋的方式，找到本實作所要使用的 IAM 服務。

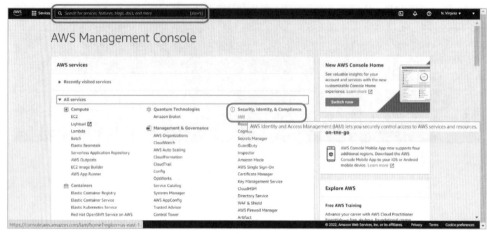

▲ 圖12-1（c）

步驟 **12-2**：進到 IAM dashboard，點選頁面左側 Access management 選單中的 **Roles**，如圖 12-2（a）。

▲ 圖12-2（a）

接著點選頁面右上角 **Create role**，如圖 12-2（b）。

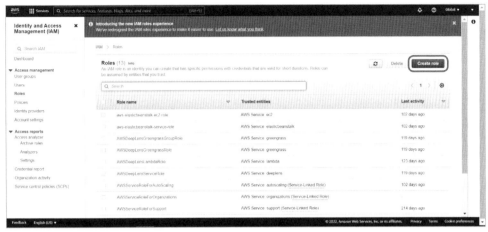

▲ 圖12-2（b）

在 Select trusted entity 中的 Trusted entity type，點選 **AWS service**，並展開 **Use cases for other AWS services** 後，點選 **SageMaker**，最後點選 **Next**，如圖 12-2（c）。

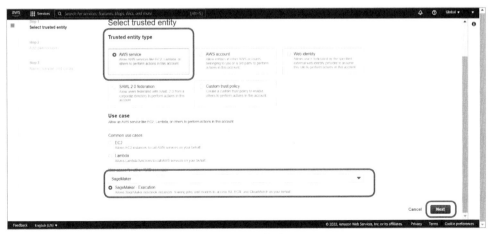

▲ 圖12-2（c）

在 Role details 頁面 Role name 欄位輸入 RolesforSagemaker，如圖 12-2
（d）。

▲ 圖12-2（d）

接續上述步驟頁面移至最下方，點選 **Create Role**，如圖 12-2（e）。

▲ 圖12-2（e）

步驟 12-3：回到 IAM 下 Roles 頁面，點選 **RolesforSagemaker** 檢視授予的 permission，如圖 12-3（a）。

▲ 圖12-3（a）

在 RolesforSagemaker 這個 role 的 Permissions 頁面，可以看到僅有 AmazonSageMakerFullAccess 的存取權限，如圖 12-3（b）。

▲ 圖12-3（b）

接下來授予 RolesforSagemaker 這個 role，能夠存取 rekognition 服務，展開
Add permissions，並點選 **Attach policies**，如圖 12-3（c）。

▲ 圖12-3（c）

接著在 Other permissions policies 搜尋欄位中輸入 rekognition 並按下 **Enter**
鍵，即出現 Rekogniton 相關的權限，勾選 **AmazonRekognitionFullAc-**
cess，並點選 **Attach policies**，如圖 12-3（d）。

▲ 圖12-3（d）

即完成 RolesforSagemaker 這個 role 的 SageMaker 及 Rekognition 服務存取權限設定，如圖 12-3（e）。

▲ 圖12-3（e）

● 透過 SageMaker 建構 Jupyter Notebook instance

步驟 12-4：透過瀏覽器連線至 https://aws.amazon.com/tw/，利用在 AWS 註冊的帳號**登入主控台**，即所謂的 AWS Management Console，如圖 12-4（a）。

▲ 圖12-4（a）

AWS Management Console 環境請務必使用英文，語言選項位於頁面左下角，點開請選擇 **English（US）** 或 **English（UK）**。

接下來展開 **All services**，進入 AWS Management Console 的 Service Categories 服務分類，如圖 12-4（b）。

▲ 圖12-4（b）

點選 **Amazon SageMaker** 服務，如圖 12-4（c）；亦可透過頁面左上角 **Services** 或搜尋的方式，找到本實作所要使用的 Amazon SageMaker 服務。

★ 觀察1 Amazon SageMaker 在眾多 AWS 服務分類中屬於哪一服務分類？在此服務分類，我們還常使用哪些服務？

▲ 圖12-4（c）

步驟 12-5：展開左側 Images 項目下 Notebook 選單，點選 Notebook instances，接著點選頁面右上方 Create notebook instance，如圖 12-5。

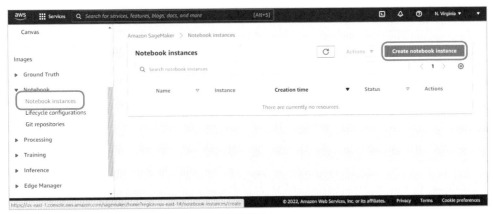

▲ 圖12-5

步驟 12-6：接著在 Notebook instance name 欄位中輸入 MyNotebook，
Notebook instance type 使用預設 ml.t2.medium。

★ 觀察 2 注意到我們所選的 instance type 字母是哪個開頭的呢？

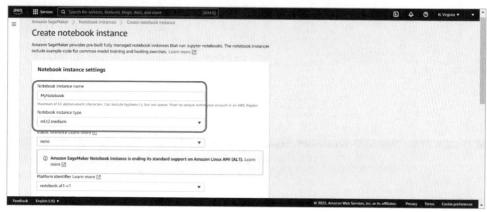

▲ 圖12-6

步驟 12-7：Permissions and encryption 項目中，IAM role 選擇使用上述
步驟 12-2 至步驟 12-3 所建立的 **RolesforSagemaker**，如圖 12-7。

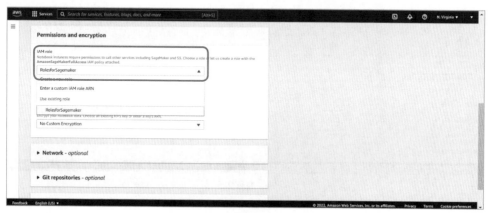

▲ 圖12-7

步驟 12-8：展開 **Network**，在 VPC 選項中點選 **Default vpc**；Subnet 選項中點選 **172.31.32.0/20**；Security group（s）選項中點選 **default**，如圖 12-8（a）。

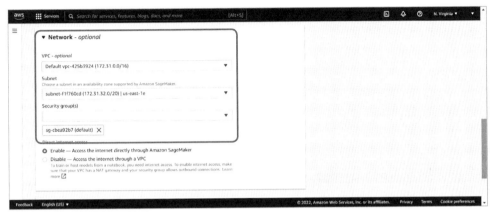

▲ 圖12-8（a）

最後點選 **Create notebook instance**，如圖 12-8（b）。

▲ 圖12-8（b）

步驟 12-9：當 Notebook instances 建置完成後在 Status 顯示 InService，
點選 **Open JupyterLab**，如圖 12-9。

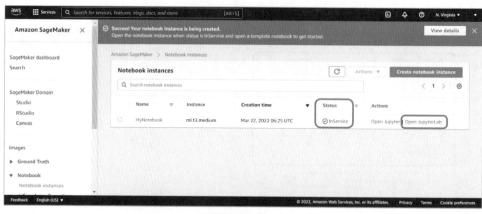

▲ 圖12-9

步驟 12-10：進入 JupyterLab 頁面後，點選 **conda_python3**，如圖 12-
10。

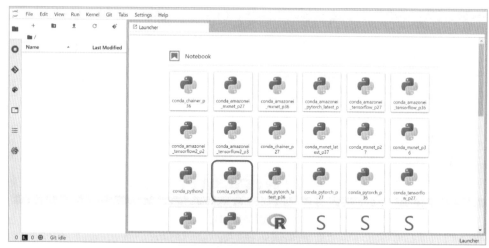

▲ 圖12-10

● **辨識程式的建置及執行**

步驟 12-11：在 cell 輸入以下程式碼並完成後執行程式 ▶ ，如圖 12-11。

```
from skimage import io
from skimage.transform import rescale
from matplotlib import pyplot as plt

import boto3
import numpy as np

from PIL import Image, ImageDraw, ImageColor,ImageOps
```

★ 觀察 3 何謂 cell ？

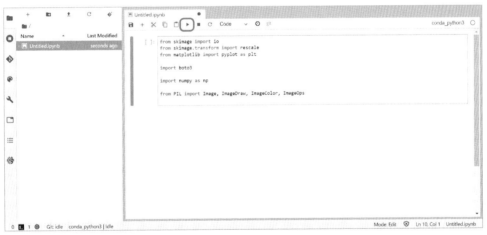

▲ 圖12-11

步驟 12-12：執行完成時會標示此 cell 為第 1 個 cell，如圖 12-12。

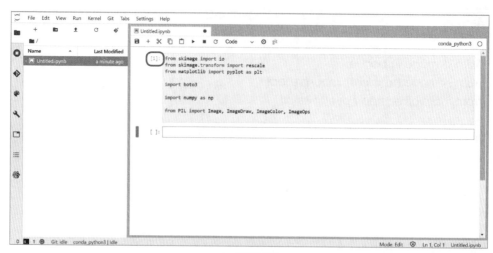

▲ 圖12-12

步驟 12-13：在第 2 個 cell 輸入以下程式碼並執行 ▶，點選**上傳**圖示，如圖 12-13。

```
response= boto3.client('rekognition').create_collection(CollectionId='Collection')
```

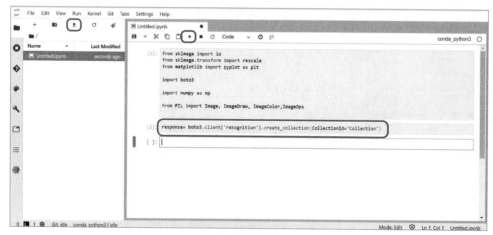

▲ 圖12-13

步驟 12-14：載入兩張圖片來做 Similarity 比對，分別為 face.jpg 和 family.jpg，點選**開啟**，如圖 12-11。

▲ 圖12-14

```
plt.imshow(io.imread("face.jpg"))
print (' 這是基本照片 ')
```

步驟 12-15：在第 3 個 cell 輸入以下程式碼並執行 ▶，觀看其展示載入的照片，如圖 12-15。

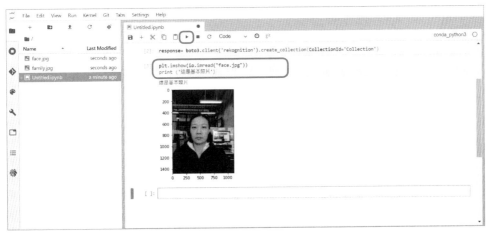

▲ 圖12-15

```
with open("face.jpg", 'rb') as sourceimage:
    response = boto3.client('rekognition').index_faces(CollectionId = 'Collection',
                Image={'Bytes': sourceimage.read()},
                ExternalImageId="face.jpg",
                MaxFaces=1,
                QualityFilter="AUTO",
                DetectionAttributes=['ALL'])
```

步驟 12-16：在第 4 個 cell 輸入以下程式碼並執行 ▶，如圖 12-16。

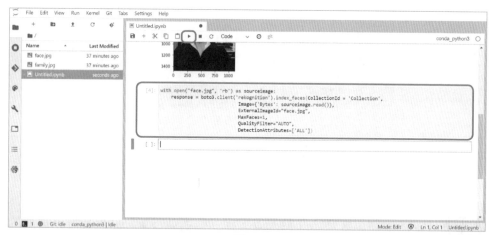

▲ 圖12-16

步驟 12-17：在第 5 個 cell 輸入以下程式碼執行 ▶，並輸出要比對的照片，如圖 12-17。

```
plt.imshow(Image.open("family.jpg"))
print ('這是要比對的照片，看看跟基本照片是否相似')
```

▲ 圖12-17

步驟 12-18：在第 6 個 cell 輸入以下程式碼並執行 ▶，觀看 Similarity 比對結果，如圖 12-18。

```
with open("family.jpg", 'rb') as targetimage:
response=boto3.client('rekognition').search_faces_by_image
(CollectionId='Collection', Image={'Bytes': targetimage.read()},
FaceMatchThreshold=70,MaxFaces=2)

faceMatches=response['FaceMatches']
print (' 兩張照片相 match!!')
for match in faceMatches:
    print (' 相似度：' + "{:.2f}".format(match['Similarity']) + "%")
```

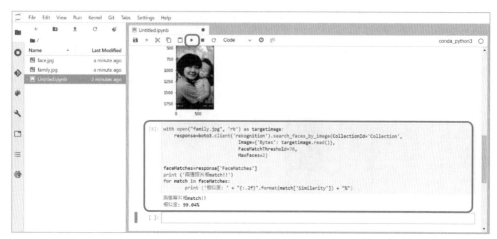

▲ 圖12-18

● 在本實作您已啟動及使用 Jupyter Notebook instance 的相關資源,按雲端的使用付費 (pay as you go),您須支付這資源使用費用。建議您隨時將雲端資源釋放,釋放的方式請參考本書的附錄 J。

§12-2　本章節的學習

● **上述觀察的學習**

★ 觀察 1　SageMaker 在眾多 AWS 服務分類是屬於哪一服務分類? 在此服務分類,我們還常使用哪些服務?

在步驟 12-1 中,我們可以觀察到 SageMaker 是屬於 Machine Learning 的服務分類,其中又有我們常用到的 Amazon Comprehend、 Amazon Lex 、 Amazon Polly、Amazon Rekognition、Amazon Transcribe、Amazon Translate、AWS DeepLens 等服務,如圖 12-19。

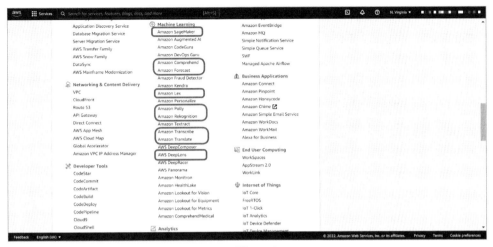

▲ 圖12-19

★ 觀察 2 注意到我們所選的 instance type 字母是哪個開頭的呢？

本章範例的 type 為 ml.t2.medium，這個 type 為 ml 開頭，在 SageMaker
所使用的 instance type 格式為 ml. 機器 . 容量，此範例就是 SageMaker 內
Notebook 中所使用的 instance type；而相對於第三章 EC2 的 instance type
格式為機器 . 容量，如表 12-1。

▼ 表12-1

服務	SageMaker	EC2
命名格式	ml. 機器 . 容量	機器 . 容量
範例	ml.t2.medium	t2.micro

★ 觀察 3 何謂 cell ？

Jupyter Notebook 是一個透過網頁來編寫程式，包含一個有順序性的 I N/
Out cells，這些 cells 可以包含程式碼、文字、數學、圖表和 Rich media，通
常以「.ipynb」結尾附檔名。

cell 為 Jupyter Notebook 程式碼執行單元。以圖 12-20 而言，在 cell 輸入 plt.imshow…. 等二行程式，按下 ▶ 執行編譯此二行程式，即顯示比對照片。

▲ 圖12-20　此圖與圖12-17一致

● Sagemaker 的 price

本章範例選擇 Region 在 N.Virginia 建置 notebook instance，如圖 12-21。而 Notebook instance type 選擇 ml.t2.medium，2 顆 vCPU 及 Memory 為 4GB，所花費的金額為 USD $0.0464/hr，一天為 USD$1.1136，如表 12-3。

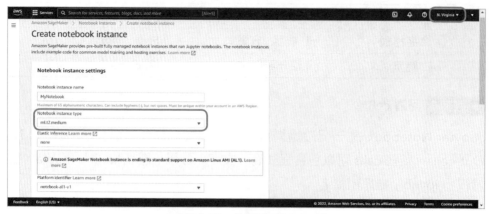

▲ 圖12-21　此圖與圖12-6一致

▼ 表12-3 ^{註1}

Standard Instances	vCPU	Memory	Price per Hour
ml.t2.medium	2	4GB	USD$0.0464/hr

● **本章所使用的辨識技術 -Rekognition**

Rekognition [註1] 是由 deep learning 為基礎來支援的影像辨識服務，可用來偵測影像中的物件，例如場景、人臉、擷取文字以及不當內容等，還可以用來搜尋及比對人臉。Rekognition 服務會為其辨識的物件傳回可信度分數，您可再依據此分數來決定是否要使用這個辨識結果。除此之外，所有偵測到的人臉會與臉部的 bounding box 座標一同傳回，這是一個完整包含臉孔的矩形外框，可用來在影像中找出臉孔的位置。

● **程式解析 [註2]：**

1. 哪一行程式開始引用了 Rekognition ？

在步驟 12-13 程式碼，即用來呼叫 Amazon Rekognition API ，並產生一 collection 來容納承載欲辨識的臉部照片。

```
response=boto3.client('rekognition').create_collection(CollectionId='Collection')
```

2. 兩張照片的檔名分別是什麼？

在步驟 12-14 中我們分別載入了兩張照片，檔名分別 face.jpg 及 family.jpg。

步驟 12-16 程式碼中，用來偵測 face.jpg 圖片中最大的人「臉」並將之加入 Collection 中，以利後續被比對。

註 1　資料參考 AWS 官方文件，https://aws.amazon.com/sagemaker/pricing/
註 2　資料參考 Boto3 Docs 1.21.23 https://boto3.amazonaws.com/v1/documentation/api/latest/reference/services/rekognition.html

```
with open("face.jpg", 'rb') as sourceimage:
    response = boto3.client('rekognition').index_faces(CollectionId = 'Collection',
            Image={'Bytes': sourceimage.read()},
            ExternalImageId="face.jpg",
            MaxFaces=1,
            QualityFilter="AUTO",
            DetectionAttributes=['ALL'])
```

3. 步驟 12-18 程式碼中，用來偵測 family.jpg 圖片中最大的人「臉」，再利用它跟在步驟 12-16 所加入 Collection 裡的「臉」（face.jpg 的「臉」）進行比對。比對相符 (match) 的 confidence 程度大於 70%（FaceMatch-Threshold=70），才算比對成功；且僅會選取 2 個比對相符程度最高的照片（MaxFaces=2）。

```
with open("family.jpg", 'rb') as targetimage:
    response=boto3.client('rekognition').search_faces_by_image
(CollectionId='Collection', Image={'Bytes': targetimage.read()},
FaceMatchThreshold=70, MaxFaces=2)
```

4. 最後透過 faceMatches=response['FaceMatches'][註3] 進行臉部比對，Face-Matches 則回傳兩個 Properties 分別為 face metadata 及 Similarity 其範圍為 0~99.99 的數值。

註3　資料參考 https://docs.aws.amazon.com/AWSJavaScriptSDK/v3/latest/clients/client-rekognition/modules/searchfacesbyimageresponse.html#facematches

第十三章

AWS 的成本分析
及帳單管理

當您註冊 AWS 帳號時，AWS 會要求您登錄信用卡資訊，並透過它來付費。每個月使用 AWS 服務所產生的費用，就會顯示在 Billing 這個服務頁面，並且可以透過 Billing & Cost Management 服務所提供的工具，協助您收集成本和用量等相關資訊、分析成本驅動因素與用量趨勢，並採取動作編列預算。

§ 13-1 AWS Billing & Cost Management Dashboard

步驟 13-1-1：透過瀏覽器連線至 https://aws.amazon.com/tw/，利用在 AWS 註冊的帳號**登入主控台**，即所謂的 AWS Management Console，如圖 13-1-1（a）。

▲ 圖13-1-1（a）

AWS Management Console 環境請務必使用英文，語言選項位於頁面左下角，點開請選擇 **English（US）** 或 **English（UK）**。

接下來展開 **All services**，進入 AWS Management Console 的 Service Categories 服務分類，如圖 13-1-1（b）。

▲ 圖13-1-1（b）

在 AWS Cost Management 這服務分類項下點選 **AWS Cost Expoler**，如圖 13-1-1（c），即進入 Billing & Cost Management Dashboard 或展開右上角 AWS 帳戶資訊，點選 **Billing Dashboard**，如圖 13-1-1（d）；亦可透頁面左上角 Services 或搜尋的方式，如圖 13-1-1（c），找到今天所要使用的 Billing 服務。後續即可透過此服務頁面查看每個月 AWS 服務的用量及費用。

▲ 圖13-1-1（c）

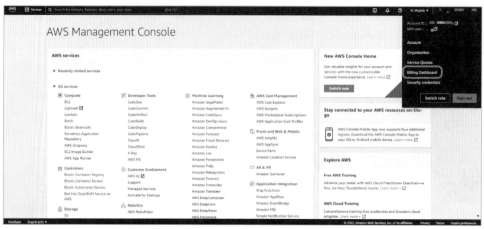

▲ 圖13-1-1（d）

步驟 **13-1-2**：進入 Billing & Cost Management Dashboard 頁面，如圖 13-1-2，您透過此頁面可觀察當月份所使用的服務及費用，並透過點選 Bill Details 檢視更詳細的服務用量並下載資訊。

▲ 圖13-1-2

步驟 **13-1-3**：在 Billing & Cost Management Dashboard 頁面，如圖 13-1-3，您也可以查看到上一個月 (Last Month)、月初至今 (Month-to-Date) 及預測月底 (Forecast) 使用服務所產生的費用，估算及規劃您 AWS 服務的成本。

並可利用左側選單 Cost Explorer 工具，透過資料視覺化方式檢視您的 AWS 成本進行分析。

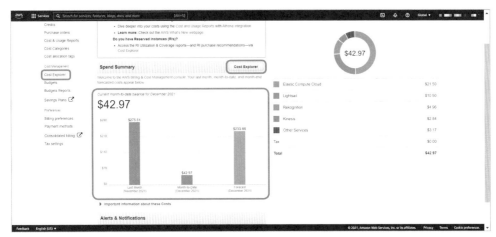

▲ 圖13-1-3

步驟 13-1-4：依上述步驟進到 AWS Cost Management 頁面，如圖 13-1-4，在這個頁面中間，我們可看出當月與上個月的費用增減，以及每日所花費的成本，並可透過左側選單點選 Cost Explorer 工具進一步分析。

▲ 圖13-1-4

步驟 **13-1-5**：在 Cost Explorer 服務頁面，如圖 13-1-5（a），您可藉由中間頁籤的 Services、Region、Availability Zone、自訂的 Tag 標籤以及更多篩選條件值，來檢視您前 6 個月服務用量及成本。

▲ 圖13-1-5（a）

接下來我們將透過右側選單中各項的篩選條件進一步過濾，範例中我們點選右側選單 **Tag** 標籤，展開名稱為 **Dep**，並勾選其 value 為 **ITM** 的選項後，再點選 **Apply filters** 套用功能後，如圖 13-1-5（b），即可檢視 ITM 部門的前 6 個月 AWS 各項服務的費用成本，如圖 13-1-5（c）。

▲ 圖13-1-5（b）

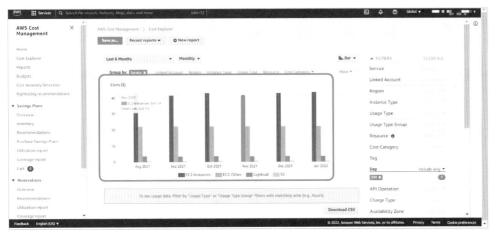

▲ 圖13-1-5（c）

步驟 13-1-6：透過 Recently visited Favorites[註1] 回到 AWS Cost Management 頁面找尋 **AWS Budgets**，此服務允許您自訂預算，當實際或預測的使用量和費用超過設定額度時，可以選擇透過電子郵件或 SNS 通知提醒。使用 AWS Budgets 服務時，您也可當帳戶中的服務用量或費用超過設定的額度時，可以自動執行或經過您核准的各項動作，以減少意外的開支，如圖 13-1-6。

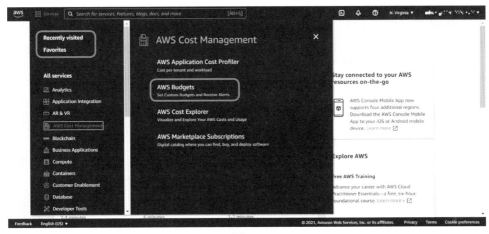

▲ 圖13-1-6

註1　可參考第三章第 2 節 上述觀察的學習之觀察 2。

步驟 **13-1-7**：當我們進到 Budgets 頁面，點選右側 **Create budget** 即可開始追蹤您的 AWS 服務用量及費用，如圖 13-1-7。

▲ 圖13-1-7

步驟 **13-1-8**：AWS Budgets 類型可分為 Cost budget 成本費用、Usage budget 服務用量、Savings Plans 儲蓄計劃及 Reserved Instances (RIs) 預訂保留預算等 4 種。當每日、每月、每季或每月服務用量或費用達到所限訂的額度時，即會透過 SNS 服務或電子郵件的方式通知提醒您。後續我們將採用成本費用 **Cost budget** 後，點選 **Next** 來示範，如圖 13-1-8。

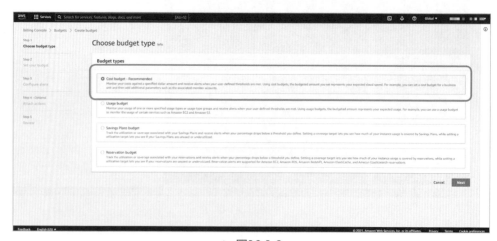

▲ 圖13-1-8

步驟 13-1-9：範例中我們設定每月經常性預算固定是 100 美金即寄發通知，所以在 Period 選擇 **Monthly**，接著在 Enter your budgeted amount（$）欄位輸入 100.00，如圖 13-1-9（a），並在 Budget name 欄位，輸入名稱 Monthly 後點選 **Next**，如圖 13-1-9（b）。在圖 13-1-9（b）的 Budget scoping 中可看到每個月之前所產生的費用。

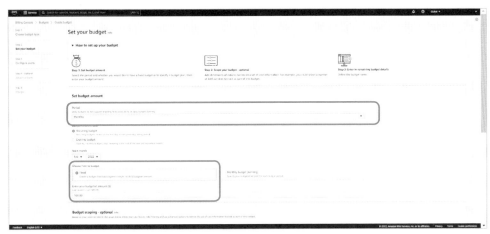

▲ 圖13-1-9（a）

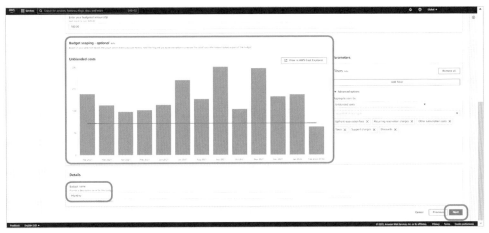

▲ 圖13-1-9（b）

步驟 **13-1-10**：接著設定臨界值的通知，點選 **Add an alert threshold**，如圖 13-1-10。

▲ 圖13-1-10

步驟 **13-1-11**：假設當每個月用量超過 80% 時，將採用 Email 方式通知，所以在 Threshold 欄位輸入 80，接著在 Email recipients 欄位輸入一筆或多筆收件者 Email 後，點選 **Next** 完成設定，如圖 13-1-11。

▲ 圖13-1-11

步驟 13-1-12：接著當每個月 AWS 服務用量超過 Budget 額度時，即會送出 Email 通知，如圖 13-1-12。

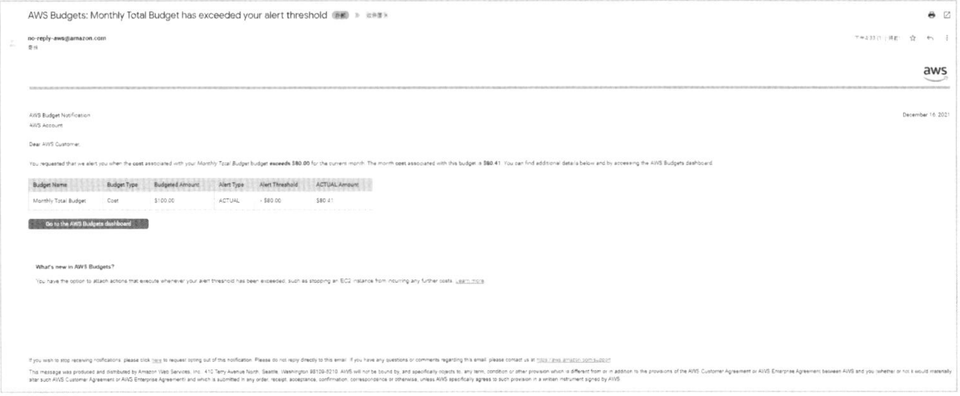

▲ 圖13-1-12

§13-2 Organizations 服務

如果您或企業想透過多個 AWS account，來分別管理各個的團隊或部門的 AWS 費用，便可利用 AWS Organizations 這一個免費帳戶管理服務，來整合管理各個單獨 AWS account 的安全管理及賬單到您所建立的 1 個組織樹中集中管理，組織樹中的每個 OU 代表 1 個部門或團隊。

AWS Organizations 包含整合賬單和組織安全管理功能。以下資訊有助於您了解 AWS Organizations 的結構，如圖 13-2-1，顯示一個 Basic organization 或是 Root 包含 3 個 AWS account 及 3 個 OU，這些 AWS account 分屬於 3 個 organizational units，簡稱為 3 個 OU。1 個 OU 還可以包含其他 OU。1 個 OU 只能歸屬 1 個 Root，且每個 AWS account 只能是 1 個 OU 的成員。

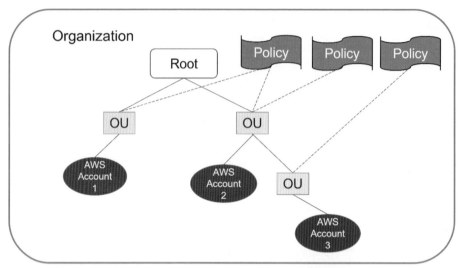

▲ 圖13-2-1 註2

本實作將除了原有的 Basic organization management account 的 User1 外（User1
即為進行本實作登入 AWS Console 的 Root usr 帳號，它不能是 IAM user 帳號 註3）
將新增 3 組分別名為 USC-ITM、USC-ACA 及 USC-ITM-1 的 Organization units，
除了 User1 及 User2 是既有的 AWSaccount 外，我們將產生另一個 USC-LIS ac-
count，最後把這 3 個 AWS account 分別隸屬於下述不同的 OU 底下後，接著限制
USC-ITM 這個 OU 下的 AWS accounts 無法存取 S3 服務。亦即

Organiztion unit	建立步驟	AWS account	建立步驟
USC-ITM	步驟 13-2-15	User2	既有 AWS account
USC-ACA	步驟 13-2-20	User1	既有 AWS account
USC-ITM-1	步驟 13-2-21	USC-LIS	步驟 13-2-4

接下來的實作要把 User1 帳號設定為 Organization 的 Management 帳號、
User2 為既有 AWS account 外並產生另一個 USC-LIS account，最後把 3 個
AWS account 分別歸於 3 個 OU 中。

註2　資料參考 AWS Academy Cloud Foundations。
註3　IAM user 及 Root user 的分別可參見第六章。

● 將 User1 帳號設定為 Organization 的 Management 帳號，並產生 USC-LIS 帳號

步驟 13-2-1：透過瀏覽器連線至 https://aws.amazon.com/tw/，利用一個既有的 AWS 註冊帳號（此即前述的 User1）**登入主控台**，即所謂的 AWS Management Console，此 AWS 註冊帳號 (此即前述的 User1) 即為 Basic organization management account，如圖 13-2-2（a）。

▲ 圖13-2-2（a）

AWS Management Console 環境請務必使用英文，語言選項位於頁面左下角，點開請選擇 **English（US）** 或 **English（UK）**。

接下來展開 **All services**，進入 AWS Management Console 的 Service Categories 服務分類，如圖 13-2-2（b）。

▲ 圖13-2-2（b）

在 Management & Governance 服務分類項下，點選 **AWS Organizations**，
如圖 13-2-2（c）-（d）。

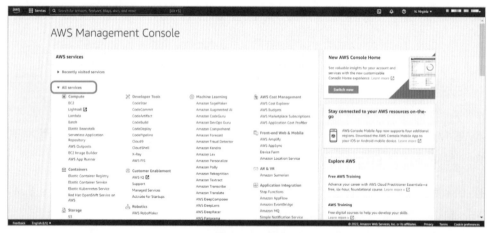

▲ 圖13-2-2（c）

▲ 圖13-2-2（d）

步驟 13-2-2：進到 AWS Organizations 服務頁面，點選 **Create an organization**，如圖 13-2-3（a）。

▲ 圖13-2-3（a）

後續操作的過程中，在步驟 13-2-1 登入 AWS Console 的 User1 的 Email Address 會收到一封主旨為 AWS Organization email verification request 的郵件，內文說明這 email 透過 AWS Organizations 服務，User1 被指派為 Or-

ganization 的 management account，點選 **Verify your email address**，如
圖 13-2-3（b）。

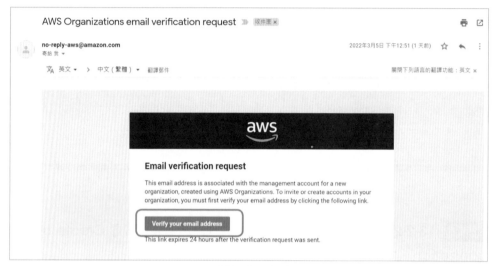

▲ 圖13-2-3（b）

步驟 13-2-3：接著按下 **Add an AWS account**，來增加 1 組在 AWS 註
冊的帳號，此時您就可以將個別獨立的 AWS account 加入組織中，如圖 13-
2-4。

▲ 圖13-2-4 圖中User1為既有AWS account，此圖已經過編修

步驟 **13-2-4**：您可以選擇 **Create an AWS account** 來增加 1 組新的 AWS account，或者是透過邀請的方式來增加 1 組已存在的 AWS account。在此我們選擇 **Create an AWS account** 來新增註冊 1 組 AWS 帳戶，並在 AWS account name 欄位中，輸入 USC-LIS，接著指定這帳戶擁有者的 Email，在 Email address of the account`s owner 的欄位輸入 Email 後，點選 **Create AWS account**，如圖 13-2-5。

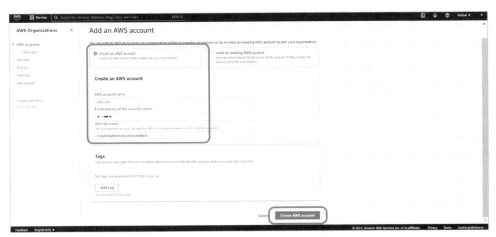

▲ 圖13-2-5

步驟 **13-2-5**：Organizational structure 即可檢視 Organization 內所屬的 AWS account，在這裡我們可以看到步驟 13-2-1 所登入的 Basic organization management account 為 User1，以及步驟 13-2-4 新增註冊 USC-LIS 的 AWS account，如圖 13-2-6。

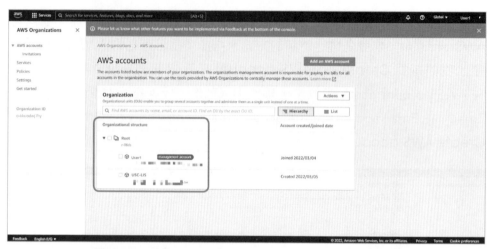

▲ 圖13-2-6　圖中User1為既有AWS account，此圖已經過編修

步驟 13-2-6：接續步驟 13-2-4 輸入的 USC-LIS Email 信箱中會收到一封主旨為 Welcome to Amazon Web Services 的 AWS account 開通訊息，點選 **Getting Started Resources >>**，如圖 13-2-7。

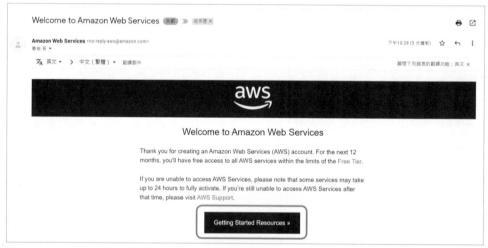

▲ 圖13-2-7

步驟 13-2-7：進到 AWS 登入頁面，選擇 **Root user**，接著在 Root user email address 欄位輸入步驟 13-2-4 的 USC-LIS Email，接著點選 **Next**，如圖 13-2-8。

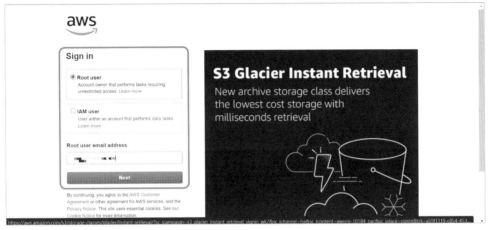

▲ 圖13-2-8

步驟 13-2-8：依據圖片上所顯示的文字，在欄位中輸入後，點選 **Submit**，如圖 13-2-9。

▲ 圖13-2-9

步驟 13-2-9：點選 **Forgot password？**來設定新增的 AWS account 密碼，如圖 13-2-10。

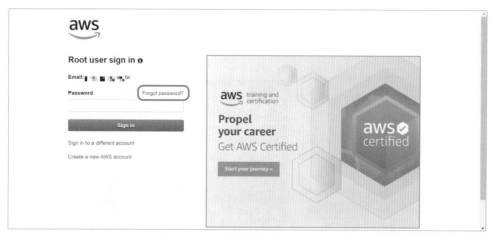

▲ 圖13-2-10

步驟 13-2-10：在 Password recovery 視窗中，依據圖片上所顯示的文字，在欄位中輸入後，點選 **Send email**，如圖 13-2-11（a）。

▲ 圖13-2-11（a）

接著點選 **Done** 即可完成密碼重置,如圖圖 13-2-11(b)。

▲ 圖13-2-11(b)

步驟 **13-2-11**:進入步驟 13-2-4 中 USC-LIS 的 AWS account,所登錄的 Email 帳號信箱中,會收到一封主旨為 Amazon Web Services Password Assistance 的信件,依循郵件內容說明操作,點選**密碼重置連結**,進行步驟 13-2-7 中的 AWS account 密碼設定,如圖 13-2-12。

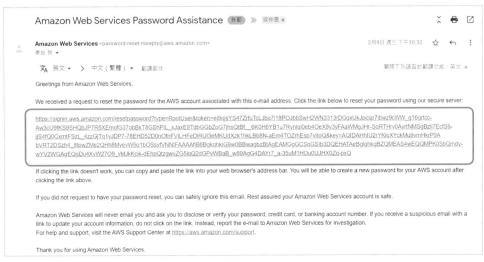

▲ 圖13-2-12

步驟 13-2-12：為步驟 13-2-7 中 USC-LIS 的 AWS account 設置新的密碼，輸入完新的密碼後，點選 **Reset password**，如圖 13-2-13（a）。

▲ 圖13-2-13（a）

點選 **Sign in**，完成密碼設置，如圖 13-2-13（b）。

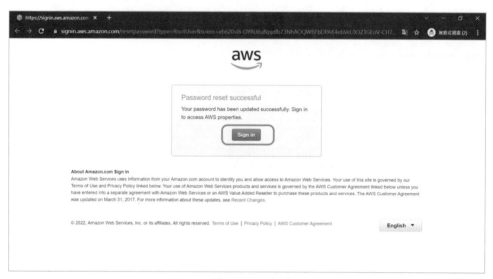

▲ 圖13-2-13（b）

步驟 **13-2-13**：點選 Root user，輸入步驟 13-2-4 中 USC-LIS 這個的 AWS account 登錄的 Email address 後，點選 Next，如圖 13-2-14（a）。

▲ 圖13-2-14（a）

依據圖片上所顯示的文字，在欄位中輸入後，點選 Submit，如圖 13-2-14（b）。

▲ 圖13-2-14（b）

步驟 **13-2-14**：確認頁面右上角為步驟 13-2-4 所命名的 AWS account name 為 USC-LIS，並點選頁面中間 **AWS Organization**，查看所屬 OU 資訊，如圖 13-2-15（a）。

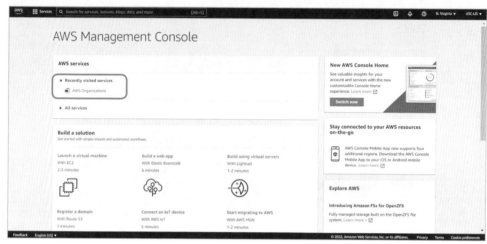

▲ 圖13-2-15（a）

接著我們就可以在 AWS Organizations 的 Dashboard 中的 Organization details 來檢視組織的相關資訊。如果要脫離 Organization，可按下右下角 **Leave this organization** 來脫離組織管理，如圖圖 13-2-15（b）。

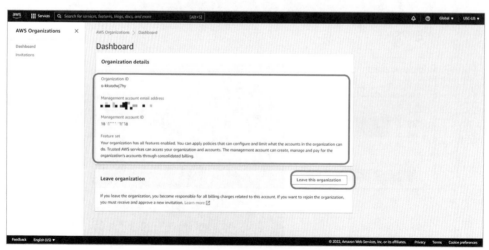

▲ 圖13-2-15（b）

● 新增 USC-ITM 的 Ogranization Unit 及邀請已註冊的 User2 的 AWS account

步驟 **13-2-15**：回到步驟 13-2-1 Basic organization management account（即以 User1 登入 AWS Console）的 AWS Organizations 服務頁面，接下來我們要新增 1 組 OU。勾選頁面的 **Root**，並展開 **Actions** 後，在 Organizational unit 點選 **Create new**，如圖 13-2-16（a）。

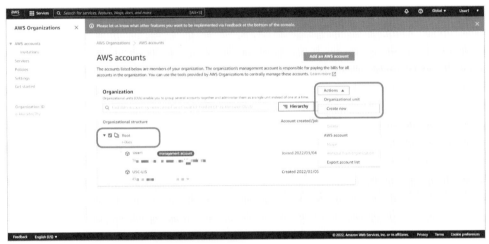

▲ 圖13-2-16（a） 圖中User1為既有AWS account，此圖已經過編修

進到 Create Organizational unit in Root 頁面，在 Details 中的 Organizational unit name 欄位中輸入 USC-ITM 作為 organization 名稱後，點選 **Create organizational unit**，建立 1 組新的 organizational unit，如圖 13-2-16（b）。

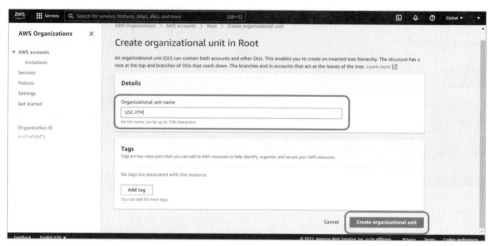

▲ 圖13-2-16（b）

回到了 AWS Organization 頁面下的 AWS accounts 頁面，就可以看到上述步驟所新增名稱為 USC-ITM 的 organizational unit ，如圖 13-2-16（c）。

▲ 圖13-2-16（c） 圖中User1為既有AWS account，此圖已經過編修

步驟 **13-2-16**：這次要透過邀請 1 組已經註冊的 AWS account，加入在步驟 13-2-15 新增 USC-ITM 的 organizational unit，點選頁面中右上角 **Add a AWS account**，如圖 13-2-17（a）。

▲ 圖13-2-17（a）　圖中User1為既有AWS account，此圖已經過編修

點選 **Invite an existing AWS account**，在 Email address or account ID of the AWS account to invite 欄位中輸入相關資訊，這邊我們輸入已有註冊 AWS account 登錄的 email address (即為前述 User2 的 email)，如圖 13-2-17（b）。

▲ 圖13-2-17（b）

接著移至頁面最下方，點選 **Send invitation**，進行邀請加入 Basic organization 即 Root 下，如圖 13-2-17（c）。

▲ 圖13-2-17（c）

步驟 13-2-17：在步驟 13-2-16，所邀請的 User2 email 帳號信箱，如圖 13-2-17（b），會收到一封主旨為 Your AWS account has been invited to join an AWS organization 的邀請信，點選信件內容中的 **Accept invitation** 接受邀請，如圖 13-2-18。

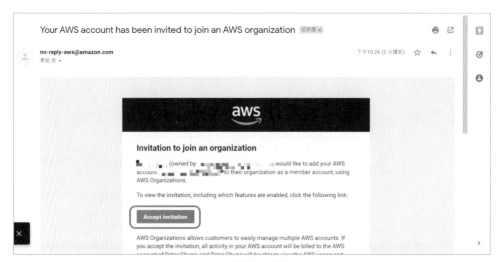

▲ 圖13-2-18

步驟 **13-2-18**：輸入步驟 13-2-16 已註冊 AWS account（即為 User2）的 Root user email address 後，點選 **Next** 登入 AWS Management Console，如圖 13-2-19（a）。

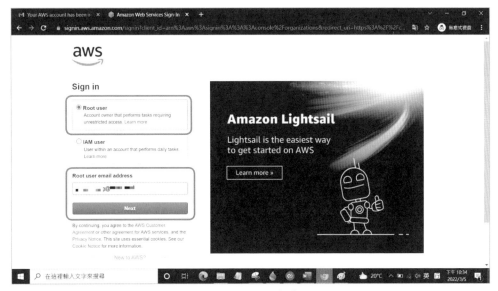

▲ 圖13-2-19（a）

進到 AWS Organization 服務頁面，即顯示來自 Organization ID 為 o-kkuod-wj7hy 的 OU 邀請，點選 **Accept invitation** 接受邀請，如圖 13-2-19（b）。

▲ 圖13-2-19（b） 圖中User1及User2為既有AWS account，此圖已經過編修

● 將 User2 隸屬至 USC-ITM 的 Organization unit

步驟 **13-2-19**：回到一開始步驟 13-2-1 登入 Basic organization 即 Root 的 management account 的 Organizations 服務頁面，勾選將上述步驟 13-2-18 的 AWS account 為 **User2**，展開 **Actions**，並點選 **Move**，移至步驟 13-2-15 新增 OU 的 USC-ITM 中，如圖 13-2-20（a）。

▲ 圖13-2-20（a）　圖中User1及User2為既有AWS account，此圖已經過編修

在 Destination 的 Organizational structure，點選 **USC-ITM**，再按下 **Move AWS account**，如圖 13-2-20（b）。

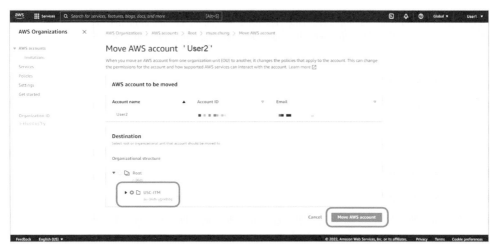

▲ 圖13-2-20（b） 圖中User1及User2為既有AWS account，此圖已經過編修

回到 AWS Organizations 的 AWS accounts 頁面，展開 **USC-ITM** 的 OU，檢視圖 13-2-20（a）中 User2 的 AWS account 是否移到 USC-ITM 的 OU 下，如圖 13-2-20（c）。

▲ 圖13-2-20（c） 圖中User1及User2為既有AWS account，此圖已經過編修

步驟 **13-2-20**：重覆步驟 13-2-15，再 Root 下新增 1 組 OU，在 Organiza-
tion unit name 欄位中輸入 USC-ACA，並將 1 組 AWS account 移到此 OU 下，
點選 **Create organizational unit**，如圖 13-2-21（a）。

▲ 圖13-2-21（a）　圖中User1為既有AWS account，此圖已經過編修

勾選要移至 USC-ACA 的 OU 下 AWS account 為 **User1**，展開 **Actions** 並點
選 **Move**，如圖 13-2-21（b）。

▲ 圖13-2-21（b）　圖中User1為既有AWS account，此圖已經過編修

點選 **USC-ACA** 這個 OU，並按下 **Move AWS account**，如圖 13-2-21（c）。

▲ 圖13-2-21（c）　圖中User1及User2為既有AWS account，此圖已經過編修

● **USC-ITM 的 OU 下， 再新增 1 個新 的 USC-ITM-1 的 OU，並將 User-LIS 隸屬此新增的 OU**

步驟 13-2-21：接著我們要在 USC-ITM 這個 OU 下建立 1 個新的 OU，勾選 **USC-ITM** 這個 OU，展開 **Actions** 並點選 **Create new**，如圖 13-2-22（a）。

▲ 圖13-2-22（a）　圖中User1及User2為既有AWS account，此圖已經過編修

在 Organization unit name 欄位輸入 USC-ITM-1，並將 1 組 AWS account 移到這個 OU 下，點選 **Create organizational unit**，如圖 13-2-22（b）。

▲ 圖13-2-22（b）

步驟 **13-2-22**：勾選要移至 USC-ITM-1 這個 OU 下的 AWS account 為 **USC-LIS**，展開 **Actions** 並點選 **Move**，如圖 13-2-23（a）。

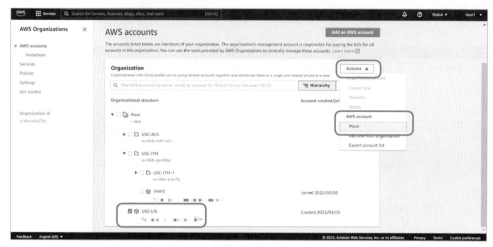

▲ 圖13-2-23（a）

點選 **USC-ITM-1** 這個 OU，並按下 **Move AWS account**，如圖 13-2-23（b）。

▲ 圖13-2-23（b）　圖中User1及User2為既有AWS account，此圖已經過編修

檢視目前 Organization structure，展開各個 OU 下並確認 AWS account 所屬 OU 是否正確，如圖 13-2-23（c）。

▲ 圖13-2-23（c）　圖中User1及User2為既有AWS account，此圖已經過編修

● 設定 **S3 deny Service control policy** 並 **attach** 到 **USC-ITM** 這個 **OU**

接下來的實作要限制 USC-ITM 這個 OU 下的 AWS accounts，無法存取 S3 服務。

步驟 13-2-23：點選頁面左側選單 **Policies**，再點選 **Service control policies** 來新增 policy，如圖 13-2-24（a）。

▲ 圖13-2-24（a） 圖中User1為既有AWS account，此圖已經過編修

點選 **Create policy**，如圖 13-2-24（b）。

▲ 圖13-2-24（b） 圖中User1為既有AWS account，此圖已經過編修

在 Create new services control policy 頁面，Details 項目的 Policy name 欄
位輸入 DenyS3Access，如圖 13-2-24（c）

▲ 圖13-2-24（c） 圖中User1為既有AWS account，此圖已經過編修

接下來在頁面右側中 1.Add actions 中搜尋 **S3** 服務，勾選 **All actions（S3：**
***）**，接著 2.Add a resources 點選 **Add**，如圖 13-2-24（d）。

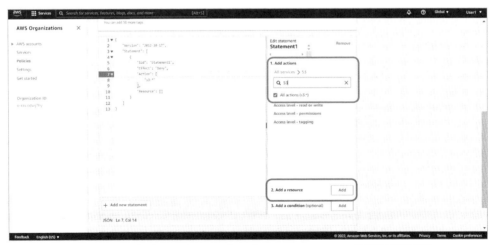

▲ 圖13-2-24（d） 圖中User1為既有AWS account，此圖已經過編修

展開 Resource type，點選 All Resources，最後點選 Add resource，如圖 13-2-24（e）

▲ 圖13-2-24（e） 圖中User1為既有AWS account，此圖已經過編修

接下來移至頁面左下方，點選 Create policy，如圖 13-2-24（f）。

▲ 圖13-2-24（f） 圖中User1為既有AWS account，此圖已經過編修

步驟 13-2-24：勾選步驟 13-2-23 自訂的 Policy 為 **DenyS3Access**，展開 **Actions**，點選 **Attach policy**，如圖 13-2-25（a）

▲ 圖13-2-25（a） 圖中User1為既有AWS account，此圖已經過編修

勾選 **USC-ITM** 這個 OU，點選 **Attach policy**，如圖 13-2-25（b）。

▲ 圖13-2-25（b） 圖中User1及User2為既有AWS account，此圖已經過編修

● 測試驗証：USC-ITM 這個 OU 下的 User2 無法存取 S3 服務

步驟 13-2-25：接下登入在 USC-ITM 這個 OU 下的 AWS account 為 User2 的 AWS Management Console，如步驟 13-2-24 之圖 13-2-25（b），確認該帳號是否可以存取 S3 服務？出現的訊息表示這個帳號無法存取 S3 服務，如圖 13-2-26。

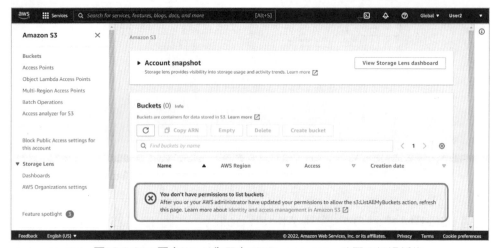

▲ 圖13-2-26　圖中User2為既有AWS account，此圖已經過編修

● 在本實作您已啟動及使用 AWS Organization 相關設定。建議您隨時將此設定刪除，刪除的方式請參考本書的附錄 K。

● Root 與 Organization 的關係

Root 是 Organization 中所有 AWS account 和其他 OU 的父級組織單位。當您將 Policy 應用於 Root 時，便會應用於 Organization 的每個 OU 及 account。

附 錄

各章節實作之雲端資源釋放

第三章至第十三章的 11 個主體實作開啟了許多的雲端資源，依多年的 AWS
教學經驗，學員啟動 AWS 資源後，往往忘記釋放這些資源。雲計算的按使用
付費 (pay as you go) 固然有其優勢，但若資源不用卻不懂得釋放，真的花了
冤枉錢。所以本附錄針對這 11 個主題實作完成後，該如何釋放使用的資源，
提供詳盡步驟，請讀者能參考運用。另外，亦請讀者參考第十三章的 Billing
及 Cost management，時時關心資源使用的費用狀況，以免掛萬漏一而有疏
漏。

A. 第三章主題實作的雲端資源釋放

● Stop instance

回到 Instance 的頁面後，勾選 Name 為 **web** 的 Instance，接著點選 **In-
stance state**，展開後選擇 **Stop Instance**，如圖 A-1。

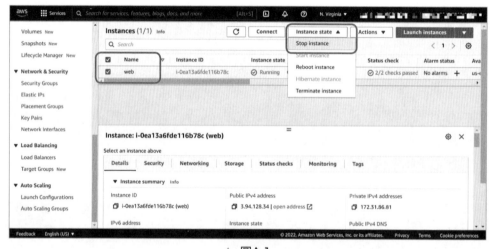

▲ 圖A-1

當頁面的 Instance state 為 Stopped 即完成停止作業，下次使用可以點選 **Start Inastnce** 以重新啟動。

▲ 圖A-2

● Terminate instance

回到 Instance 的頁面後，勾選 Name 為 **web** 的 Instance，接著展開 **Instance state**，點選 **Terminate Instance**，如圖 A-3。

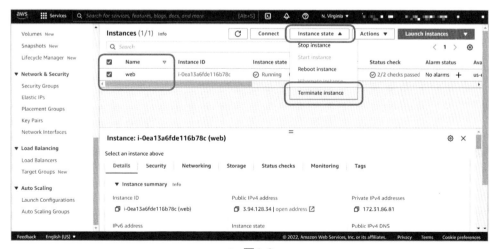

▲ 圖A-3

因為是刪除作業，系統會跳出通知確認是否要 Terminate Instance，點選 **Terminate**，如圖 A-4。

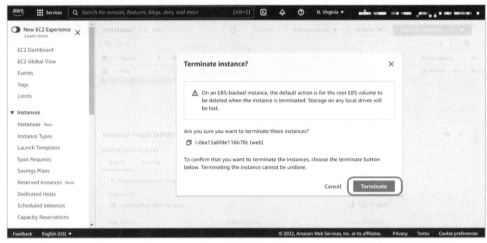

▲ 圖A-4

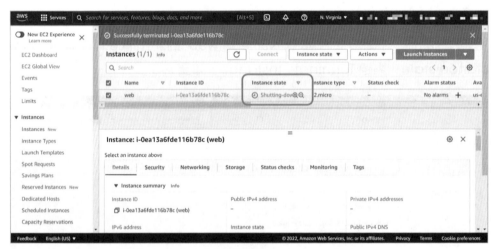

▲ 圖A-5

當頁面的 Instance state 為 Terminated 即完成刪除作業，如圖 A-6。

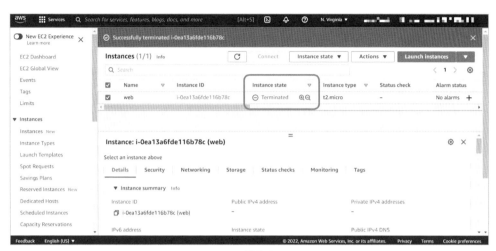

▲ 圖A-6

B. 第四章主題實作的雲端資源釋放

先將 Elastic IP 跟 instance 進行 disassociate；之後 release Elastic IP；之後再將 instance 進行 stop 或 terminate。將 instance 進行 stop 或 terminate 可參考附錄 A，此處僅說明 Elastic IP 的資源釋放。

● Disassociate Elastic IP address 及 Release Elastic IP address

回到 Elastic IPs，勾選 Allocated IPv4 address 為 **52.54.252.149**，如圖 B-1。

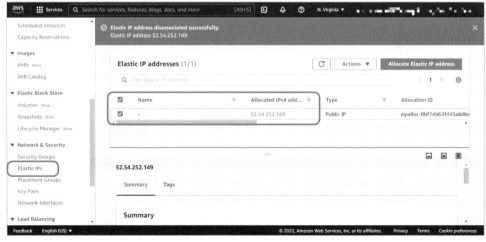

▲ 圖B-1

點選 Actions 展開後，接著點選 Disassociate Elastic IP address，如圖 B-2。

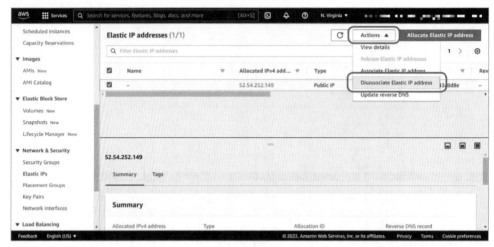

▲ 圖B-2

會跳出 Disassociate Elastic IP address 通知及相關資料，確定後接著點選 Disassociate，如圖 B-3。

▲ 圖B-3

頁面上方會顯示Elastic IP address disassociated successfully訊息，如圖B-4。

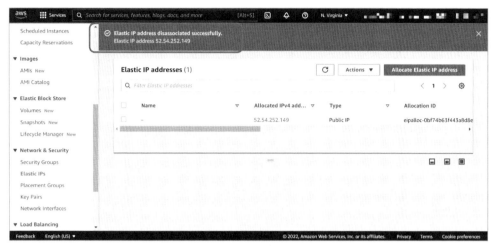

▲ 圖B-4

接著勾選 Allocated IPv4 address 為 **52.54.252.149**，如圖 B-5。

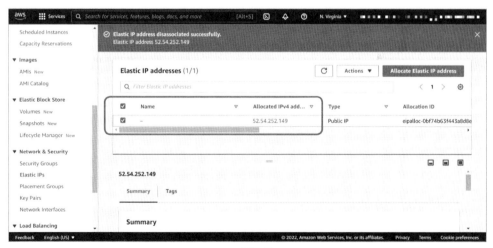

▲ 圖B-5

釋放 Elastic IP addresses，點選 **Actions** 展開後，接著點選 **Release Elastic IP addresses**，如圖 B-6。

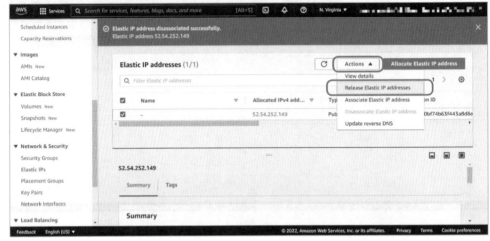

▲ 圖B-6

跳出視窗確認是否 Release Elastic IP addresses，確認要釋放時，就點選 **Release** 就會釋放 Elastic IP addresses，如圖 B-7。

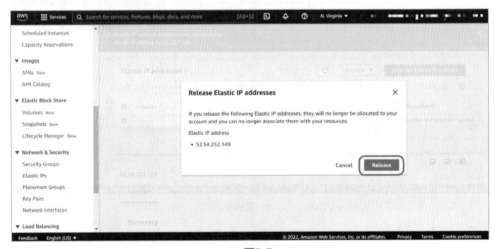

▲ 圖B-7

完成後即釋出原本的 Elastic IP addresses 52.54.252.149，如圖 B-8。

▲ 圖B-8

● 將 instance 進行 stop 或 terminate 可參考附錄 A

C. 第五章主題實作的雲端資源釋放

要先刪除 bucket 內的 object，之後才能刪除 bucket。

先點選 **image009**，然後點選 **Empty**，以清空 bucket 內的檔案，如圖 C-1。

▲ 圖C-1

依照指示，在 To confirm delection…欄位輸入 **permanently delete**，再按下 **Empty**，如圖 C-2。

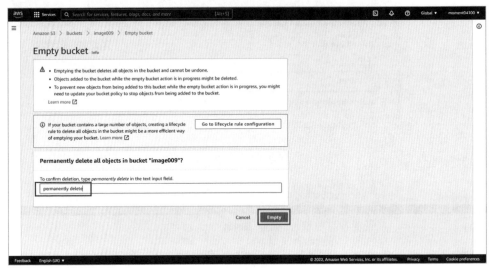

▲ 圖C-1

再回到 **Buckets** 介面，點選 **image009**，再點選 **Delete**，如圖 C-3。

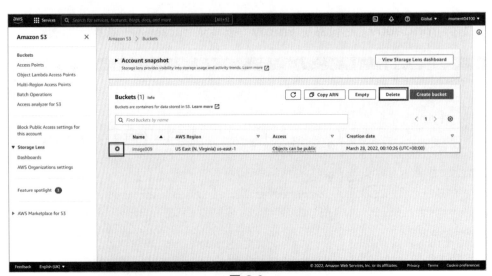

圖 C-3

在 To confirm delection…. 欄位輸入 bucket name 為 **image009**，再點選
Delete bucket 以刪除 Bucket，如圖 C-4。

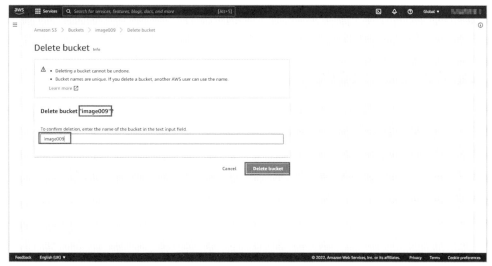

▲ 圖C-4

bucket 刪除成功，如圖 C-5。

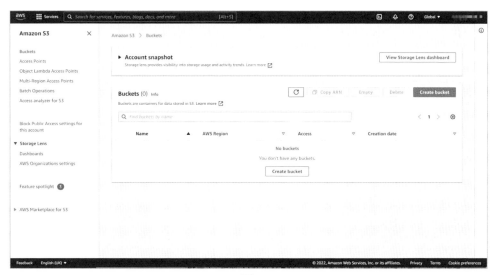

▲ 圖C-5

D. 第六章主題實作的雲端資源釋放

首先，要刪除 User Groups，要先從左邊的欄位點選 **User groups**，進入 User groups 的介面，點選要刪除的 **UserGroup**，接著點選 **Delete**，以刪除 User groups，如圖 D-1。

▲ 圖D-1

在 To confirm delection… 欄位輸入 User groups 的名稱為 **UserGroup**，以確認刪除此 User groups，再按下 **Delete**，如圖 D-2。

▲ 圖D-2

刪除成功。出現 **User group deleted** 字樣，如圖 D-3。

▲ 圖D-3

再次點選左方欄位，點選 **Users** 以進入 Users 介面，勾選要刪除的 User 為 **user-1** 及 **user-2**，並點選 Delete，如圖 D-4。

▲ 圖D-4

在 To confirm delection… 欄位輸入 delete，再點選 **Delete**，以確認刪除 **user-1**、**user-2**，如圖 D-5。user-3 亦可循上述步驟刪除。

▲ 圖D-5

E. 第七章主題實作的雲端資源釋放

● Terminate Environment 和 Delete Applications

選取 Environment name 為 **Indexphpdemo-env** 的項目，如圖 E-1。

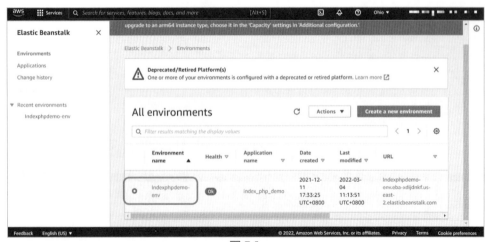

圖 E-1

點選 Actions 展開後，接著點選 Terminate environment，如圖 E-2。

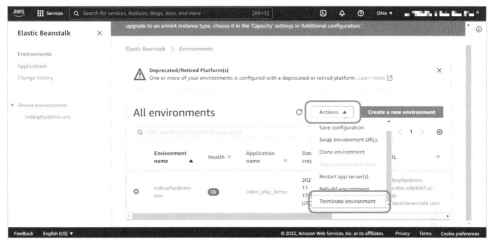

▲ 圖E-2

當要 Terminate 時會跑出通知，首先輸入 Indexphpdemo-env，輸入完成後這時點下 Terminate，如圖 E-3。

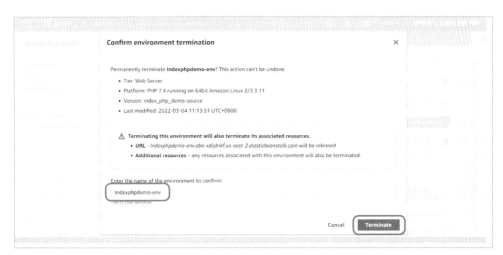

▲ 圖E-3

點選完畢後會開始啟動 Terminate 作業,如圖 E-4。

▲ 圖E-4(a)

▲ 圖E-4(b)

當完成 Terminate 作業後回到 **Environments** 時，Indexphpdemo-env 下方
會顯示 Terminated，如圖 E-5。

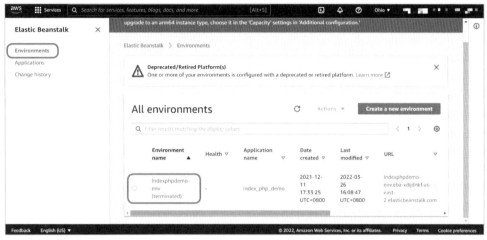

▲ 圖E-5

接著點選 **Applications**，選取 Application name 為 **index_php_demo**，
如圖 E-6。

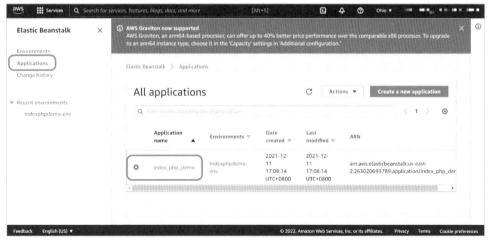

▲ 圖E-6

kgo

選取 Actions 展開後，接著點選 Delete application，如圖 E-7。

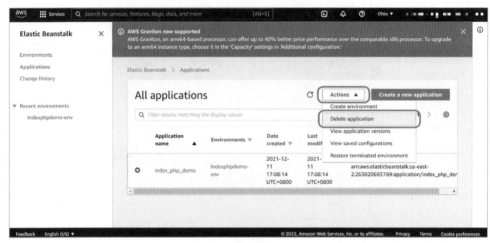

▲ 圖E-7

當要 Delete 時會顯示確認視窗，輸入 **index_php_demo**，接著點選 **De-lete**，如圖 E-8。

▲ 圖E-8

完成以上步驟後就會回到 Elastic Beanstalk 的服務頁面，如圖 E-9。

A-18

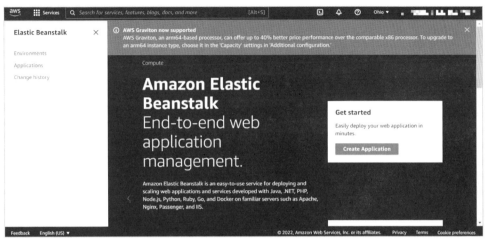

▲ 圖E-9

F. 第八章主題實作的雲端資源釋放

● 刪除本實作所建立的 instance

此步驟為刪除 RDS Database，請點選 **database-1**，並展開 **Actions** 項目後，點選 **Delete**，如圖 F-1。

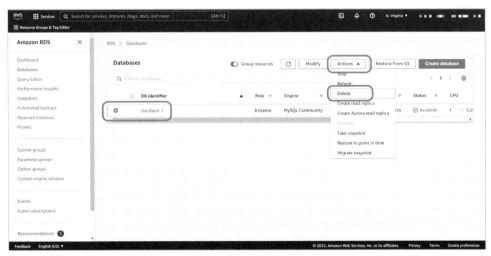

▲ 圖F-1

此時再次請依據您的需求確認是否刪除此 Database，本實作我們採完全不備份直接刪除，請勾選 **I acknowledge**⋯⋯選項，並在 To confirm deletion⋯欄位輸入 delete me。確認好刪除項目設定後，請點擊 **Delete**，如圖 F-2。

Delete database-1 instance?   ✕

Are you sure you want to Delete the **database-1** DB Instance?

☐ Create final snapshot?
Determines whether a final DB Snapshot is created before the DB instance is deleted.

☐ Retain automated backups
Determines whether retaining automated backups for 7 days after deletion

☑ I acknowledge that upon instance deletion, automated backups, including system snapshots and point-in-time recovery, will no longer be available.

To confirm deletion, type *delete me* into the field

    delete me

⚠ We strongly recommend taking a final snapshot before instance deletion since after your instance is deleted, automated backups will no longer be available.

Cancel   **Delete**

▲ 圖F-2

此時可觀察到 instance 的狀態為 Deleting，代表 instance 正在刪除中，圖 F-3。

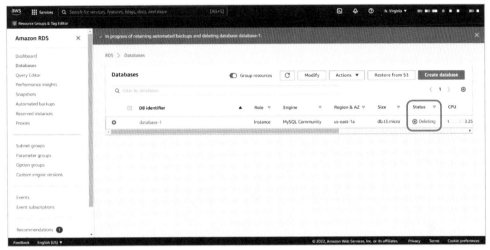

▲ 圖F-3

G. 第九章主題實作的雲端資源釋放

此步驟為刪除 DynamoDB Table，請勾選 TableData 並點選 Delete，刪除此 DynamoDB Table，如圖 G-1。

▲ 圖G-1

AWS 會請您再次確認是否刪除此 Table，勾選 **Delete all CloudWatch alarms for this table** 選項後，在 To confirm the delection…欄位輸入 delete，再點選 **Delete table**，如圖 G-2。

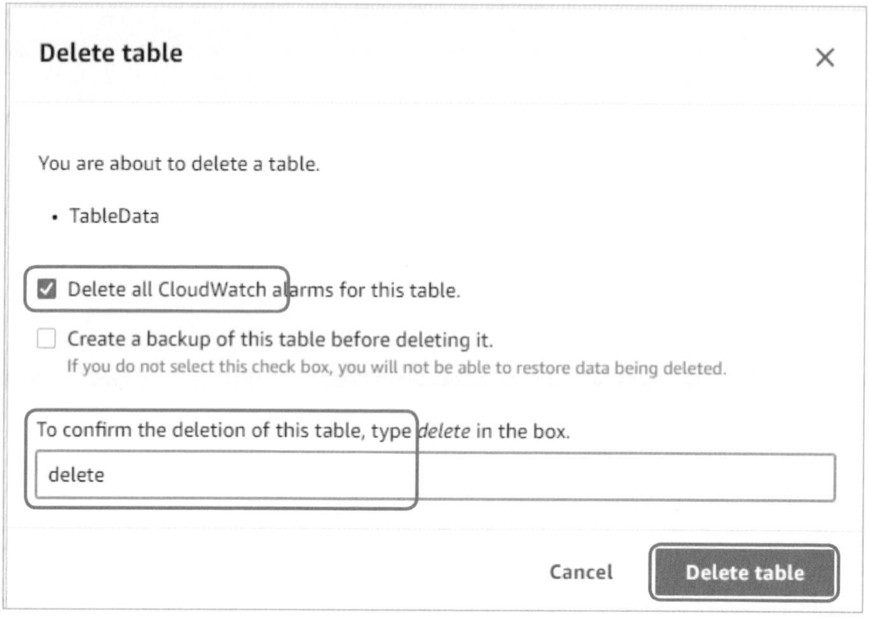

Delete table

×

You are about to delete a table.

- TableData

☑ Delete all CloudWatch alarms for this table.

☐ Create a backup of this table before deleting it.
If you do not select this check box, you will not be able to restore data being deleted.

To confirm the deletion of this table, type *delete* in the box.

delete

Cancel **Delete table**

▲ 圖G-2

接下來就可看到 Table 的 Status 為 Deleting，即表示正在刪除，如圖 G-3。

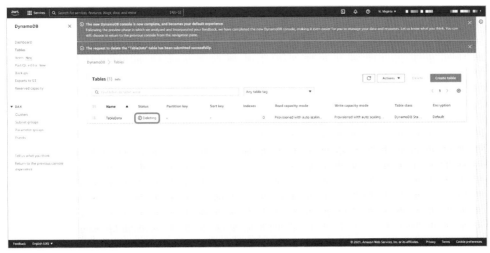

▲ 圖G-3

H. 第十章主題實作的雲端資源釋放

● 刪除 Lambda function

請勾選 rename，展開 Actions，點選 Delete 選項，如圖 H-1。

▲ 圖H-1

AWS 會請您再次確認是否刪除此 Lambda function，請點擊 **Delete**，如圖 H-2。

▲ 圖H-2

刪除 **S3 bucket** 及 **bucket** 裡的 **object** 請參考附錄 C。

I. 第十一章主題實作的雲端資源釋放

先點選要刪除的 Distributions ，再點選 **Disable**，如圖 I-1。

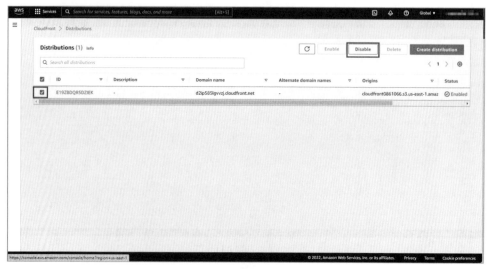

▲ 圖I-1

點選 **Disable** 以刪除 Distribution，如圖 I-2。

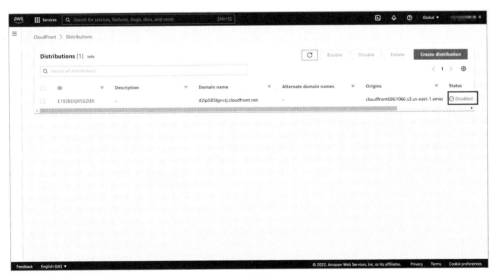

▲ 圖I-2

可以看見 Distributions 的 Status 欄位顯示 **Disabled**，如圖 I-3。

▲ 圖I-3

再次勾選要刪除的 **Distributions**，按下 **Delete** 以刪除被 Disabled 的 Distri-butions，如圖 I-4。

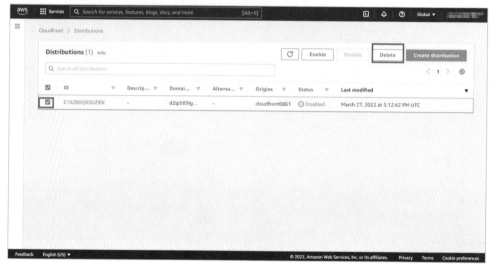

▲ 圖I-4

按下 **Delete**，以確認刪除 distributions，如圖 I-5。

▲ 圖I-5

刪除 S3 bucket 及 bucket 裡的 object 請參考附錄 C。

J. 第十二章主題實作的雲端資源釋放

● Stop MyNotebook 運作及 Delete MyNotebook

首先點選 MyNotebook，接下來點選 Actions，如圖 J-1。

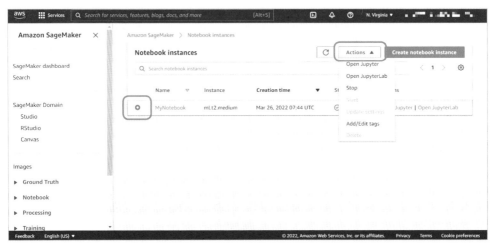

▲ 圖J-1

接下來點選 Stop，如圖 J-2。

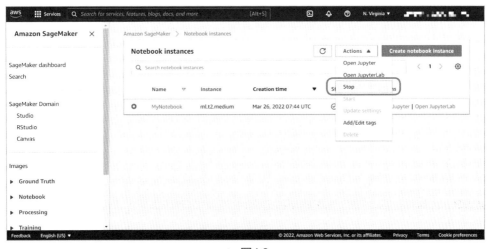

▲ 圖J-2

當圖 J-2 完成後稍等幾分鐘，確認 Status 轉為 Stopped，可以讓 MyNote-book 停止 ，下次需要即可點選旁邊的 **Start**，如圖 J-3。如需刪除可以接續圖 J-4。

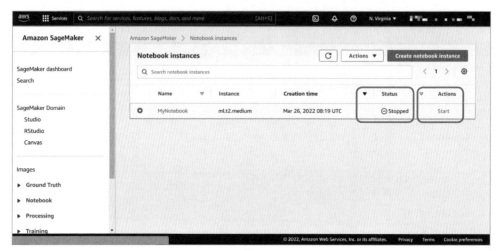

▲ 圖J-3

確認 Status 為 Stopped，接著點選 **Actions** 並選擇 **Delete**，如圖 J-4。

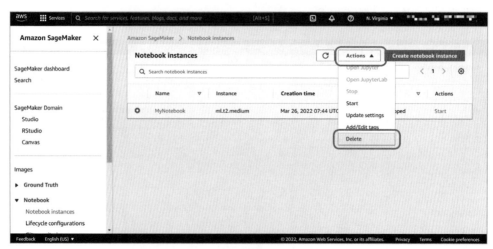

▲ 圖J-4

當要刪除會跑出視窗通知是否確定要刪除，這裡點選 **Delete**，如圖 J-5。

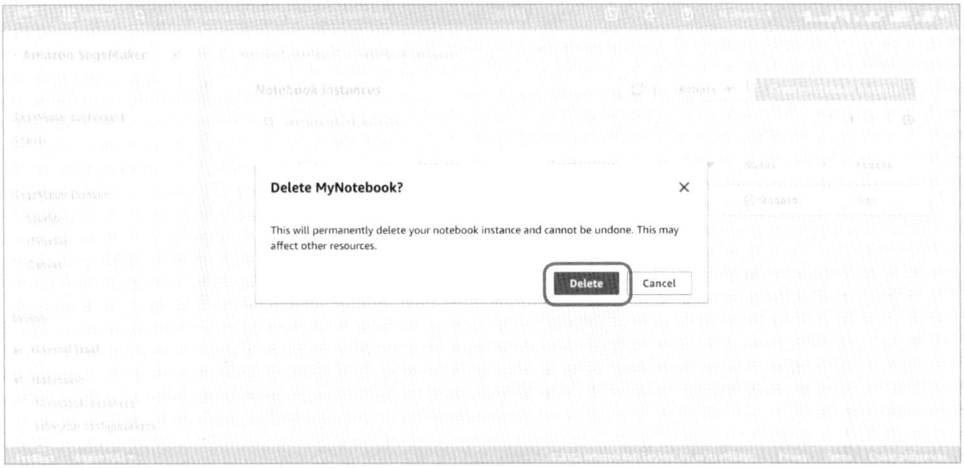

圖 J-5

目前正在 Delete 中，如圖 J- 6。

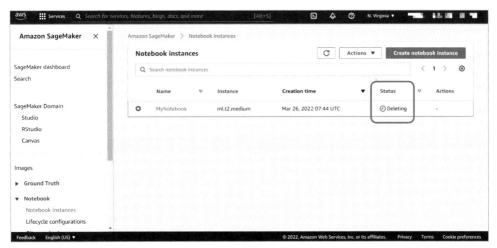

▲ 圖J-6

當 Delete 完成後，就會顯示 There are currently no resources.，如圖 J-7。

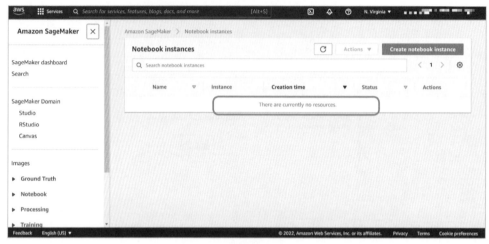

▲ 圖J-7

K. 第十三章主題實作的雲端資源釋放

● AWS account 如何脫離 Organization Unit?

參考步驟 13-2-14，可在 AWS Organization Dashoboard 頁面，點選 **Leave this organization** 脫離 Organization Unit，如圖 K-1。

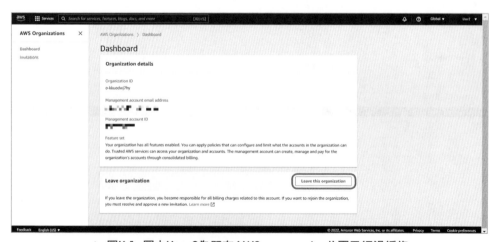

▲ 圖K-1　圖中User2為既有AWS account，此圖已經過編修

● 如何從 Organization Unit 移除 AWS account?

在 AWS Organizations 頁面，勾選欲刪除的 AWS account，在第 13 章中的實作範例為 **USC-LIS**，並展開 **Actions** 後，點選 **Remove from organization**，脫離 Organization Unit，如圖 K-2。

▲ 圖K-2　圖中User1為既有AWS account，此圖已經過編修

最後點選 **Leave organization** 即完成，如圖 K-3。

▲ 圖K-3

● 如何刪除 Organization Unit?

在刪除 Organization unit 前提下，須清空 Organization Unit 下的 AWS account 或 Organization。以第 13 章實作為例，如欲刪除 Organization Unit 為 USC-ACA，須先將 Basic organization management account 的 User1 移出至 Root 下。勾選 **User1**，並展開 **Actions** 後，點選 **Move**，如圖 K-4。

▲ 圖K-4　圖中User1為既有AWS account，此圖已經過編修

接著點選目的 Organization Unit 為 **Root**，並點選 **Move AWS account**，如圖 K-5。

▲ 圖K-5　圖中User1為既有AWS account，此圖已經過編修

勾選欲刪除的 Organization unit 為 **USC-ACA**，並展開 **Actions** 後，點選
Delete，如圖 K-6。

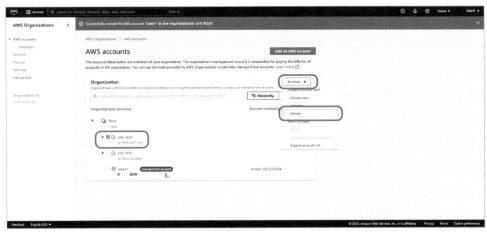

▲ 圖K-6 圖中User1為既有AWS account，此圖已經過編修

最後在 To confirm that …. 欄位中輸入欲刪除 Organization unit 為 USC-
ACA，並點選 **Delete** 即完成刪除，如圖 K-7。

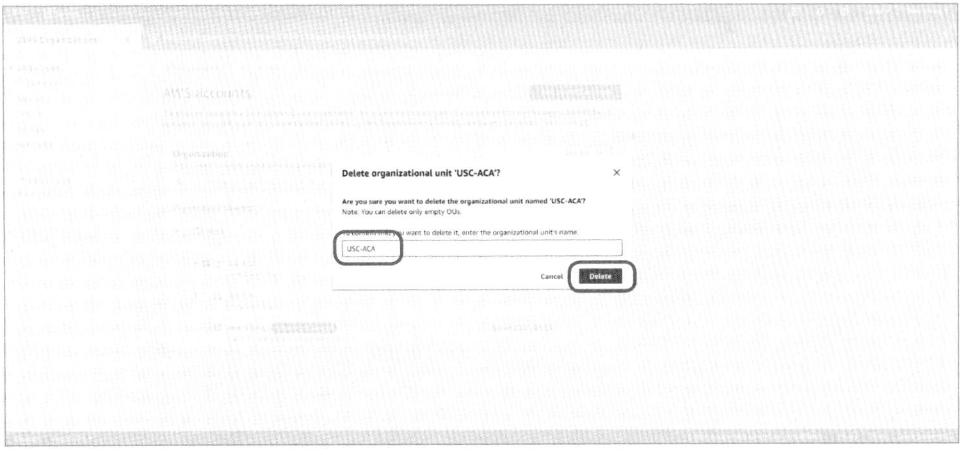

▲ 圖K-7

附 錄　各章節實作之雲端資源釋放

● 如何結束並刪除 Organization?

以第 13 章實作為例，當我們清空 Organization 下的 OUs 及 AWS accounts
後，即點選左側選單 **Setting** 選項，並點選 **Delete organization**，如圖 K-8。

▲ 圖K-8　圖中User1為既有AWS account，此圖已經過編修

最後在 To confirm deletion…欄位中輸入欲刪除的 Organization ID 後，即點
選 **Delete organization** 即完成刪除，如圖 K-9。

▲ 圖K-9